锌

氧化锌

蛋氨酸锌

U0349112

不同锌源添加剂
缓解新生犊牛腹泻的机制研究

◎ 孙 鹏 等 著

中国农业科学技术出版社

图书在版编目（CIP）数据

不同锌源添加剂缓解新生犊牛腹泻的机制研究／孙鹏等著. —北京：
中国农业科学技术出版社，2021.4

ISBN 978-7-5116-5254-6

Ⅰ.①不… Ⅱ.①孙… Ⅲ.小牛-腹泻-防治 Ⅳ.①S858.23

中国版本图书馆 CIP 数据核字（2021）第 052852 号

责任编辑　金　迪
责任校对　李向荣
责任印制　姜义伟　王思文

出 版 者　中国农业科学技术出版社
　　　　　北京市中关村南大街 12 号　邮编：100081
电　　话　（010）82109705（编辑室）　（010）82109702（发行部）
　　　　　（010）82109709（读者服务部）
传　　真　（010）82109698
网　　址　http://www.castp.cn
经 销 者　各地新华书店
印 刷 者　北京建宏印刷有限公司
开　　本　710mm×1 000mm　1/16
印　　张　7.5
字　　数　139 千字
版　　次　2021 年 4 月第 1 版　2021 年 4 月第 1 次印刷
定　　价　68.00 元

《不同锌源添加剂缓解新生犊牛腹泻的机制研究》
著者名单

主　　著：孙　鹏

副 主 著：郝力壮　沃野千里

参著人员：马峰涛　王飞飞　李洪洋　刘俊浩

　　　　　金宇航　高　铎　常美楠

前　言

　　锌是动物生长发育及维持生命活动所必需的微量元素之一，具有促进动物生长发育、提高畜禽繁殖机能、增强机体免疫应答、维持黏膜结构完整以及参与体内物质代谢等多重功能，在动物饲养中应用广泛。现代畜牧生产中，由于锌能够有效缓解幼龄动物腹泻、促进肠道上皮屏障发育以及改善肠道微生物区系，已被视为一种有益添加剂普遍应用于畜禽生产。

　　目前，常见的锌添加剂主要分为无机锌和有机锌两大类。其中，无机锌添加剂包括氧化锌、纳米氧化锌、包被氧化锌和硫酸锌等；有机锌添加剂则包括蛋氨酸锌、蛋白锌和氨基酸螯合锌等。然而，伴随锌被广泛应用的同时，也不可避免地出现残留和污染的问题。一方面，未能代谢转化的高浓度锌可能残留在畜产品中危害消费者健康；另一方面，畜禽体内未吸收的锌离子伴随粪尿进入环境后造成土壤高锌污染。因此，2017 年，我国新修订的《饲料添加剂安全使用规范》禁止了高锌的添加，要求犊牛日粮中锌添加量必须低于 180 mg/kg。据此，在限制使用高剂量锌添加剂的背景下，本书探讨了新生犊牛日粮中锌的适宜添加剂量。此外，对比分析了不同锌源对新生犊牛生长与腹泻的影响，筛选出更为绿色、高效的犊牛锌添加剂以提高锌的利用率并减少环境污染。

　　全书内容共分为 9 章，主要包括：不同锌源添加剂缓解新生犊牛腹泻的研究进展；不同剂量氧化锌对新生犊牛生长性能、抗氧化和血清、粪便中锌含量的影响；不同剂量氧化锌对新生犊牛免疫功能及直肠微生物菌群的影响；不同锌源对新生犊牛生长性能及血液指标的影响；不同锌源对新生犊牛免疫功能及直肠微生物结构的影响；不同锌源对新生犊牛肠道形态及肠上皮屏障功能的影响；不同锌源对新生犊牛组织锌积累及空肠黏膜锌转运蛋白表达的影响；不同锌源对新生犊牛锌代谢的影响，可为今后应用锌添加剂缓解犊牛腹泻提供有效参考。

　　本书涉及的相关研究是在中国农业科学院北京畜牧兽医研究所完成的。本书是在国家高层次人才特殊支持计划及中国农业科学院科技创新工程项目（ASTIP-IAS07）资助下完成的。本书凝聚了多人的智慧，在此向给予本人理解、支持、关心和帮助的老师、同学和朋友表示衷心的感谢!

鉴于著者水平有限,书中难免存在疏漏与不足之处,敬请广大读者批评指正。

著　者

2021 年 1 月

目　　录

1 不同锌源添加剂缓解新生犊牛 腹泻的研究进展

1.1 新生犊牛腹泻的机制

1.1.1 犊牛腹泻的危害

新生犊牛是奶牛场极为重要的储备力量,然而具有"新生牛杀手"之称的腹泻疾病一直危害着犊牛健康和奶牛场的经济效益。腹泻是犊牛的一种胃肠道疾病,一年四季均可发生,且4—6月是发病高峰期。引起犊牛腹泻的病因众多且原因复杂,据此分为感染性腹泻和非感染性腹泻(简志银等,2020)。非感染性腹泻主要由外界环境引起,比如气候骤变或者寒冷、牛舍潮湿、通风不佳、舍内拥挤时。另外当犊牛缺乏营养,比如饲喂蛋白质水平低、维生素不足的饲料,母牛乳房部位不干净,新生犊牛没有及时吮吸足够的初乳或者哺乳过少、过多、不及时等,也会导致腹泻,甚至危及犊牛生命(包雨鑫,2020)。

感染性腹泻则主要由细菌、病毒、寄生虫等引起。常见的细菌感染主要有大肠杆菌、沙门氏菌等。常见的病毒感染主要包括轮状病毒和冠状病毒。在这些感染性腹泻中,以大肠杆菌引起的犊牛腹泻最常见、危害最大,具有传播速度快、发病过程短的现象,其主要危害2~3周龄的犊牛,尤其刚出生2~3 d的犊牛最容易感染,发病率和死亡率高达70%~100%。发病初期犊牛体温和呼吸正常,食欲下降,精神不振,频繁排便且粪便较稀带有异味,粪便呈淡黄色或黄白色。随着病情发展,犊牛脱水瘦弱,排水样粪便,背毛粗糙无光泽。发病中期体温升高,呼吸加速,排粉红色或红色的血便,持续时间较长,表现出中毒性神经症状,开始时兴奋不安,之后精神萎靡,陷入昏迷状态,且腹泻现象持续到濒死前。冠状病毒引起的犊牛腹泻一般具有潜伏期,病情没有大肠杆菌引起的腹泻严重,但是致死率也很高,具有发病急、病程短的特点。抵抗力强且耐过的病犊也会出现生长发育迟缓的现象，继而影响到成年后的生产性能。

1.1.2　犊牛腹泻的免疫机制

　　大肠杆菌的致病性是由毒力因子决定的，主要有两种，一种是黏附素，又称为纤毛或菌毛，最早从犊牛和羔羊的体内发现；另一种是肠毒素，包括耐热肠毒素（ST）和不耐热肠毒素（LT）（王芳，2011）。只有当黏附素和肠毒素同时存在时才发挥其毒性作用。LT 引起的腹泻主要发生在人类机体，在犊牛腹泻中影响较大的是耐热肠毒素 STa，尤其是 K99 菌株。K99 菌株黏附到上皮细胞表面，分泌耐热肠毒素 STa，STa 与细胞表面的 GCC 受体结合，并激活 cGMP 依赖性蛋白激酶 Ⅱ（cGK Ⅱ），使囊性纤维化跨膜传导调节因子（CFTR）磷酸化，CFTR 是氯离子通道，广泛分布于细胞膜和细胞器膜表面。继而导致氯离子分泌量增加，超过肠绒毛的吸收能力，导致肠道内渗透压改变，出现腹泻现象。另外 STa 可通过未知途径激活酪氨酸激酶，导致碳酸氢钠分泌量增加。STa 还直接抑制钠-氢交换器，减少钠和氢在上皮细胞膜的移动（Foster 和 Smith，2009）。这一系列反应最终导致细胞膜通透性被改变，腺上皮细胞分泌功能兴奋，小肠内的氯离子、钠离子、碳酸氢离子和水分泌量增加，超过重吸收能力，引起腹泻和脱水。肠毒素进入靶细胞产生毒素活性后，机体的免疫应答受到刺激，局部和全身的体液免疫及细胞免疫被启动，使肠壁中的水和电解质从肠壁排入肠腔，导致严重的急性腹泻和极高的死亡率。

　　犊牛对病原菌的抗性与其免疫力密切相关，母牛初乳中含有较高的免疫球蛋白，尤其是免疫球蛋白 G（IgG），因此犊牛出生后应在最短时间内饲喂初乳，获得足够数量的抗体，提高犊牛的免疫力，使犊牛免受病原体的侵害。当犊牛出现腹泻症状时，研究人员一般会通过检测犊牛血清中特异性 IgG 效价和总 IgG 水平确定犊牛是否感染病原菌，以便采取相应的干扰措施。研究显示产肠毒素大肠杆菌引起的腹泻犊牛、母牛及初乳中特异性 IgG 抗体效价均显著升高，总 IgG 含量显著低于健康犊牛。并且母牛血清总 IgG 水平与犊牛血清中的含量呈极显著正相关，初乳中大肠杆菌特异性 IgG 抗体与犊牛血清中的含量呈极显著正相关；犊牛血清中的大肠杆菌特异性 IgG 与血清、初乳和总 IgG 呈显著负相关。因此犊牛腹泻诱发的免疫机制也可能与母源传递有关（Al-Alo 等，2018）。

　　除 IgG 外，致病性大肠杆菌会导致促炎细胞因子和抗炎细胞因子失调，降低血清中其他免疫球蛋白水平。研究显示，致病性大肠杆菌 O1 提高犊牛肿瘤坏死因子-α、白介素 IL-6 和 IL-1β 水平，降低 IL-10、IL-4 和转化生长因子-β 水平，显著降低 IgA 和 IgM 含量（崔银雪等，2020）。

1.1.3 犊牛腹泻的肠道上皮屏障功能机制

肠毒素与小肠上皮细胞表面的神经节苷脂受体结合后，破坏宿主对营养物质和水分的吸收及排泄的动态平衡，使肠上皮细胞分泌机能亢进，细胞内离子浓度失衡，肠道内渗透压改变，最终导致腹泻和脱水以及代谢性酸中毒。致病性大肠杆菌还会产生内毒素、溶血素等致病物质，导致绒毛间质充血水肿，黏膜细胞坏死脱落，破坏紧密连接蛋白结构，使肠黏膜通透性增加，肠源性细菌和内毒素移位，最终导致机体炎症反应和各器官功能出现障碍。研究表明致病性大肠杆菌 O1 诱发的犊牛腹泻能明显提高血清二胺氧化酶和内毒素水平（崔银雪等，2020）。

犊牛腹泻同时会伴随肠绒毛萎缩，部分上皮细胞功能受损，出现细胞凋亡现象。在犊牛和其他草食动物中，隐孢子虫会引起严重的绒毛萎缩和绒毛缺失，并伴随一些上皮细胞的流失，此时会出现隐窝增生，以弥补受损现象。然而，当感染严重时，这些都将于事无补。体内和体外的试验显示，上皮细胞感染隐孢子虫后，表面积减少，通透性增加。关于上皮细胞流失现象，据研究显示，可能是由于细胞凋亡引起的。感染初期，机体仍依赖宿主的营养正常生长，凋亡受到抑制，但随着感染逐渐加重，加剧细胞凋亡。无论上皮细胞流失和绒毛萎缩如何发生，都是为了维持正常的上皮屏障功能。机体对液体的净吸收是由于钠与氯化物或其他营养素以及隐窝中分泌的阳离子联合作用的结果。因此，由于成熟的绒毛上皮细胞及相关转运蛋白的流失及细胞表面积的减少，吸收系统被打破。碳水化合物、脂类和氨基酸的吸收降低，这种消化不良导致腹泻，腹泻程度从轻微逐渐危及生命，轮状病毒和冠状病毒腹泻也被认为是一种吸收不良性腹泻（Foster 和 Smith，2009）。

1.1.4 犊牛腹泻的肠道菌群变化

随着微生物研究的逐渐深入，近些年微生物组学和宏基因组学技术也开始在奶牛研究方面迅速发展起来。在这些技术的基础上，使得奶牛肠道微生物菌群组成逐渐变得可视化和透明化。研究发现在生命的前 6 周，犊牛小肠内菌群的多样性和丰富度随着日龄的增加而增加。犊牛产后第 1 周小肠腔内存在古菌、真菌、原虫和病毒，但主要是细菌，其中厚壁菌门（Firmicutes）、拟杆菌门（Bacteroidetes）、变形菌门（Proteobacteria）和放线菌门

(Actinobacteria) 的比例之和近93%（郝丽媛，2018）。新生犊牛（2周龄）直肠内主要的菌门除这四种菌门外，还包括梭杆菌门（Fusobacteria）及少量的疣微菌门（Verrucomicrobia）。犊牛直肠内的菌属有埃希氏杆菌属（*Escherichia*）、拟杆菌属（*Bacteroides*）、丁酸球菌属（*Butyricicoccus*）、*Dorea*、消化链球菌属（*Peptostreptococcus*）、乳杆菌属（*Lactobacillus*）、瘤胃球菌属（*Ruminococcus*）、粪肠球菌（*Fecalibacterium*）、梭杆菌属（*Fusobacterium*）等。空肠微生物中包括梭状芽孢杆菌属（*Clostridium*）和真细菌属（*Eubacterium*），回肠中发现了两种占优势的菌属，分别是乳杆菌属（*Lactobacillus*）和拟杆菌属（*Bacteroides*）。并且发现随着日龄的增加，乳杆菌变化显著，尤其是第7天的时候（Malmuthuge 等，2019）。

机体处于健康状态时，有益菌占据主导优势，条件致病菌与机体和平共处，这些菌群处于动态平衡状态。但当犊牛被感染腹泻时，这种平衡被打破，条件致病菌与这些病原菌产生协同作用，此时有害菌占据优势。抗生素被广泛用于治疗和预防犊牛腹泻，并促进犊牛生长。然而广谱抗生素具有杀灭致病微生物和有益微生物的潜力，使得抗生素在某种程度上促进致病微生物在犊牛肠道内的定植。抗生素的使用诱发肠道菌群失衡，继而激活宿主肠道的免疫反应、炎症反应及蠕动，从而加剧腹泻症状。更重要的是，断奶前犊牛反复腹泻和抗生素滥用的结合可能会导致瘤胃和肠道微生物群的不成熟，对育肥期日粮成分的消化吸收产生永久性的负面影响。研究表明，腹泻犊牛粪便中肠杆菌科（Enterobacteriaceae）和疣微菌科（Verrucomicrobiaceae）占据优势，乳酸细菌科（Lactobacillaceae）、瘤胃球菌科（Ruminococcaceae）、拟杆菌科（Bacteroidaceae）、Paraprevotellaceae、紫单孢菌科（Porphyromonadaceae）丰度较低。且肠杆菌科的相对丰度与布里斯托大便指数（BSS）呈显著正相关，与紫单孢菌科呈显著负相关，这说明肠杆菌科丰度的异常引起的肠道生态失调极有可能诱发犊牛腹泻（Kim，2021）。另有研究显示，Trueperella 也可能是引起犊牛流行性腹泻的潜在致病菌（Ma 等，2020）。

1.2　传统锌添加剂

1.2.1　传统锌添加剂的类别

微量元素是机体的重要组成部分，其中锌元素享有"生命之花"的美誉，是动物生长发育及生命活动必需的微量元素之一，广泛分布于肝脏、骨骼、肾、肌肉、胰腺、性腺、皮肤和被毛中，具有促进动物机体生长发育、提高动物免疫功能、提高畜禽繁殖能力、促进骨骼生长、促进食欲、维持皮肤和黏膜的正常结构和功能、参与碳水化合物的代谢等多重功能，在动物生长中应用广泛。随着对其功能的不断挖掘，锌元素也成为动物饲料中必不可少的微量元素之一。目前，动物生产中使用的锌添加剂主要有两大类：无机锌添加剂和有机锌添加剂，无机锌添加剂主要包括氧化锌、纳米氧化锌、包被氧化锌和硫酸锌等；有机锌添加剂主要包括蛋氨酸锌、蛋白锌和氨基酸螯合锌等。其中，传统锌添加剂主要包括氧化锌、硫酸锌以及蛋氨酸锌等。

1.2.1.1 氧化锌

氧化锌是白色粉末状固体，不溶于水，易溶于有机酸，其含锌量以分子量计算为 80.3%，含锌量高，价格低廉，稳定性好，对饲料中维生素的影响较小，可长时间储存，不易结块，具有良好的加工特性，是优质的补锌饲料添加剂（林红英等，2006）。氧化锌易受到酸或碱的降解，被动物摄入后，大部分在胃肠道内分解为游离的锌离子，这种无机形式的锌离子不能被肠道直接吸收，只有成为有机态的络合物才能被吸收，因此生物利用率较低（Tacnet 等，1993）。已有大量试验证明，高剂量氧化锌可有效预防幼龄动物腹泻，并促进动物生长，但因其较低的生物利用率，导致大量未被吸收的游离锌离子随粪便进入环境，产生污染环境的问题（Hu 等，2012）。因而 2009 年中华人民共和国农业部（现农业农村部）颁布 1224 号文件，明确规定断奶仔猪前 2 周配合饲料中氧化形式的锌的添加量不得超过 2 250 mg/kg，另于 2017 年我国新修订的《饲料添加剂安全使用规范》禁止了高锌的添加，要求犊牛饲料中锌添加量要低于 180 mg/kg，因此寻求高剂量氧化锌的替代品势在必行。

1.2.1.2 硫酸锌

硫酸锌是一种无色斜方晶体、颗粒或粉末，无气味，味涩，金属味道，在空气中会风化，易溶于水，毒性低（晏家友，2011）。硫酸锌因其水溶性好、易被动物吸收利用及价格低廉等的优点，而被广泛应用于畜禽生产中。锌添加效果的好坏取决于其生物学效价的高低。有试验表明，硫酸锌运用到断奶仔猪上的生物学效价是高于氧化锌的（何洪约，1992）。另有结果显示，氧化锌相对于硫酸锌的生物学效价在离析大豆蛋白质日粮中为 44%，而在玉米-豆饼粕日粮中也仅为 61%；蛋氨酸锌的生物学效价则分别为 177% 和 206%（Wedekind 等，1992）。由此可见，不同锌源的生物学效价与动物间的生理基础有关，但从总体讲，无机锌的生物学效价低于有机锌。在无机锌中，则以价格相应较低的硫酸锌效价相应较高。因而在生产中，应因地制宜地选用生物学效价较高的锌源，以保证应用效果。

1.2.1.3 蛋氨酸锌

锌的氨基酸螯合物不仅具有无机锌的功能，还能显著提高动物的生产性能，同时减少对环境的污染。具有五元环结构的蛋氨酸锌形态与锌在动物体内的天然形态相似，生化特性优良，稳定常数低，分子内电荷处于电中性，在进入动物肠道后能够快速有效地释放锌离子，更直接被动物肠道吸收，因其生物利用率高目前已取代部分无机锌应用于动物生产中（张格丽和李丽立，1998）。另外，蛋氨酸是蛋氨酸与硫酸锌或氧化锌以 1：1 或 2：1 摩尔比结合，形成的一种有机锌螯合物，不溶于水，化学稳定性适中，饲料或胃肠道其他物质不能对其造成影响。蛋氨酸锌结构中含有类似二肽的两个螯合环，表面具有高亲脂性，其结构接近锌在畜禽体内的作用形态，使蛋氨酸锌能顺利穿过细胞膜供动物吸收和利用，从而加速了锌的转运和吸收。也有观点认为，氨基酸螯合物吸收快、效价高是因为其在小肠可以通过氨基酸的吸收通道进行吸收，从而避免了与其他矿物元素竞争同一吸收通道（郑立鑫，2001）。

1.2.2 传统锌添加剂对畜禽生长发育的影响

锌元素是机体必不可少的矿物质元素，是 40 多种酶和 200 多种酶激活因子的组成成分，参与了 ALP、乳酸脱氢酶、碳酸酐酶、DNA 聚合酶、胸腺嘧啶核苷酸激酶、胰腺羧基肽酶的合成，在蛋白质和核酸的合成过程中发挥着重要作用，影响着细胞分裂增殖，进而影响动物机体生长发育（朱海等，2015）。

1.2.2.1 与保持小肠结构和功能的完整有关

氧化锌有利于保持小肠形态和结构的完整，促进肠绒毛生长以及肠黏膜损伤修复，增加肠道上皮细胞紧密连接蛋白的表达量，使肠道通透性降低，从而避免了病原体附着引起的消化不良和腹泻。前人研究氧化锌对断奶仔猪肠道的影响时发现：在普通日粮中添加氧化锌可以显著提高仔猪的小肠绒毛高度并降低隐窝深度，增加淋巴细胞和免疫球蛋白数量，增加紧密连接蛋白的转录和翻译，显著降低外周血二胺氧化酶活性（王希春等，2010；胡彩虹等，2012）。为探究如何缓解仔猪由于断奶而引起的腹泻问题，通过细胞试验结果发现，药理剂量的氧化锌使仔猪肠道细胞应激得以缓解，肠细胞凋亡减少，肠细胞的增殖状态处于正常，说明氧化锌可以缓解仔猪断奶后由于肠功能发生紊乱而出现的腹泻等症状，从而提高仔猪的生长性能（王晓秋等，2009）。

1.2.2.2　与促进动物机体生长因子的分泌有关

生长激素是机体分泌的可以促进动物生长发育的一类激素，胰岛素生长因子-1 是一种调控组织生长发育的多肽，介导生长激素促生长作用的发挥，二者的分子结构中都含有锌离子，因此幼龄动物缺锌生长发育会受到抑制（Mills 等，1967）。动物缺锌会导致骨骼生长缓慢，发育不良，严重影响正常生产性能的发挥。另有研究发现，补充氧化锌可以使具有促进细胞增殖分化、肠黏膜损伤修复、治愈肠道炎症功能的胰岛素样生长因子-1（Insulin-like growth factor-1，IGF-1）的蛋白表达量和 mRNA 丰度增加，降低肠黏膜损伤程度，避免肠道疾病的发生，进而促进动物生长发育（Li 等，2006）。朱世海（2010）给羔羊每天补饲 0.2 g 蛋氨酸锌后，其日增重和料肉比得到显著提高。Yu 等（2010）给小鼠额外饲喂锌后，显著促进其生长发育，且蛋氨酸锌效果优于硫酸锌，对小鼠血浆中的 IGF-1 的 mRNA 表达水平进行测定，发现蛋氨酸锌显著增加了 IGF-1 在 mRNA 水平上的表达，由此推测锌促进生长发育与 IGF-1 的增多有关。

1.2.2.3　与提高动物的采食量有关

唾液中含有影响动物味觉和食欲的碱性磷酸酶、胰羧肽酶 A 和味觉素等 3 种含锌酶，其中味觉素影响口腔黏膜上皮细胞的结构功能。缺锌后，口腔黏膜增生，角质化不全，造成食物与味蕾接触受阻，加之核酸、蛋白质的分解和消化酶活性降低，影响味蕾的结构和功能，从而引起食欲减退。补充适量硫酸锌可以改善机体消化机能和食欲，硫酸锌能够促进舌黏膜味蕾细胞迅速增生、调节食欲、抑制肠道某些有害细菌、延长食物在消化道中的停留时间、提高消化系统分泌机能及组织细胞中酶的活性。郑家茂等（2000）发现高剂量硫酸锌可显著提高断奶仔猪的采食量，Hill 等（2001）和 Walk 等（2015）也发现氧化锌可提高断奶仔猪的平均日采食量。

1.2.3　传统锌添加剂调节机体代谢的作用

1.2.3.1　锌代谢

动物采食的饲料是吸收锌的重要来源，锌在动物体内的吸收、代谢、组织分布、排泄量、排泄形式及途径，与饲料中锌的水平及形态密切相关。一般情况下，饲料中的锌主要在小肠（十二指肠和空肠）部位被吸收，吸收量为摄入量的 5%～40%，动物机体靠自身调节机制控制锌的吸收（张修全，1988）。锌在肠道被吸收后首先被送到肝门静脉血中，在静脉血液中约 66% 的锌与血浆蛋白疏松地结合，另外约 30% 锌与铁传递蛋白、核蛋白等相结合，剩余少部分以金属硫蛋白（Metal sulfur protein，MT）形式贮存于肝脏中（朱雯，2014）。动物摄入的锌中未被利用的部分和少量内源性锌主要通过粪便排出体外。在天气炎热或运动排汗量多时，锌也可以随汗液排出。缺锌时，肝脏和胆汁分泌锌显著减少，尿液中排除的锌增加。日粮中的钙和植酸盐含量高时，可与锌形成不溶性化合物而影响锌的吸收。日粮中磷、镁、铁、维生素 D 过量或不饱和脂肪酸缺乏也会影响锌代谢，降低锌元素吸收利用率。动物体对锌的吸收和排出具有调节机制，在一定范围内处于相对平衡状态，但机体的调节能力是暂时而有限的，当动物摄入的锌严重不足或过量时会引发病症，需要引起注意。

1.2.3.2　参与糖代谢

锌是糖代谢中 3-磷酸基油醛脱氢酶、乳酸脱氢酶和苹果酸脱氢酶的辅助因子，直接参与糖的氧化过程，它能与胰岛素发生特殊结合，影响葡萄糖在体内的平衡过程，并通过激活羧肽酶 B 促进胰岛素前体变成胰岛素，故缺锌会伴有血糖水平升高。有大量试验报道缺锌导致血中胰岛素水平降低，其原因可能包括胰岛素 mRNA 转录减少，胰岛素合成减少，胰岛素分泌减少或组织对胰岛素的敏感性改变。此外因在胰腺分泌囊泡中锌与胰岛素相结合，锌水平的下降改变了这种结合方式并因此影响了胰岛素的贮存与释放。锌对糖代谢的作用体现在影响小肠黏膜刷状缘双糖酶的活性，从而影响糖的消化吸收（Droke 等，1993）。

1.2.3.3　参与脂肪、蛋白质及核酸代谢

缺锌条件下，大鼠血浆甘油三酯、磷脂水平升高，并引起低密度脂蛋白、高密度脂蛋白、极低密度脂蛋白内部构成发生改变。锌还可以引起动物体内亚油酸和花生四烯酸代谢紊乱，影响生物膜的稳定性。关于缺锌条件下对于动物机体脂代谢的影响报道相对较少，研究结果也不尽相同，而缺锌对蛋白质代谢的影响是确切无疑的。缺锌动物白蛋白普遍降低，尿素、尿酸、肌酐升高，这意味着蛋白质分解加速。另外有些缺锌动物还存在高血氨症状，血氨提高不仅加速了蛋白质的降解反应，同时引起食欲下降，这种恶性循环使蛋白质降解大于合成，最终可以导致动物死亡。大多数学者认为 DNA 聚合酶是含锌酶，也有人认为它是一类依赖锌激活的酶，锌的存在对于 DNA 聚合酶行使正常功能有利，真核生物的三种 RNA 聚合酶都是锌依赖

酶，该酶含两个锌原子，去除锌则该酶活性立刻丧失（Lücke 等，1996）。逆转录酶中也含有 1~2 个锌原子。锌还调节细胞周期中 DNA 合成前后的各阶段过程，如影响染色质的凝缩及有丝分裂梭状体装配为微管的过程，在细胞周期的各个环节上起重要作用，锌的缺乏可破坏正常的细胞形成，最终表现为生长抑制，细胞增殖和分化低下。

1.2.4　改善免疫功能

动物免疫功能受体内外诸多因素的影响，在微量元素中，锌与免疫功能关系的研究较为活跃。锌是动物生长和生命活动所必需的微量元素，其功能主要包括：锌是多种酶的组分和激活剂，具有调节体内多种生理生化反应的功能，而且在维持细胞膜完整性方面发挥着重要作用。在免疫学方面，适量锌是动物免疫系统正常发育、维持以及免疫功能发挥的关键微量元素。

1.2.4.1　影响非特异性防御因素

皮肤屏障是动物机体防御体系中的重要因素之一，动物缺锌皮肤发生角质化、被毛受损。结果导致皮肤机械性屏障作用受到破坏，抵抗微生物侵袭的能力降低。关于锌对单核吞噬细胞的影响，不同研究者得出不同的结论。研究证实，小鼠缺锌可降低吞噬细胞的吞噬功能（白家驷等，1994）。有研究却认为，低锌可以抑制人和动物巨噬细胞对氧的消耗、对酵母的吞噬作用以及对大肠杆菌的杀伤作用（Fletcher，1986）。

1.2.4.2　影响免疫器官发育

胸腺作为中枢免疫器官，对肌体的免疫功能及状态调控具有极其重要的作用，缺锌者胸腺发育不良，胸腺激素分泌减少，影响淋巴细胞的成熟，导致机体的免疫功能缺陷。缺锌使免疫器官萎缩、免疫功能低下，易感染疾病。缺锌时脾脏重量减轻，产生抗体，免疫功能明显减退。胸腺、法氏囊为禽类的中枢免疫器官，是免疫活性细胞发育和成熟的场所，主宰机体的细胞免疫和体液免疫。若在胚胎时期以及新生期发育受阻，将严重影响机体的免疫功能。缺锌不但影响胸腺和法氏囊的生长发育，而且还使作为外周免疫器官的脾脏和盲肠扁桃体也明显减小。胚胎期和新生期是胸腺和法氏囊发育及成熟的重要时期，此时期细胞代谢旺盛，这些代谢过程需要多种含锌酶如 RNA 聚合酶、DNA 聚合酶、tRNA 合成酶等的参与，缺锌影响这些酶的活性，可造成胸腺和法氏囊发育不良。

1.2.4.3　影响细胞免疫

细胞免疫应答是动物机体 T 细胞介导的、多种细胞和细胞因子参与的防御反应。锌是淋巴细胞发挥免疫功能的基础，缺锌时淋巴细胞萎缩，T 细胞杀伤活力降低，日粮锌水平影响动物机体的细胞免疫功能。用含不同锌水平的日粮饲喂 8 周龄海兰白蛋鸡，应用酸性非特异性酯酶染色法计数外周血液 T 淋巴细胞。结果表明，在 13 周龄时，与对照组相比，高锌日粮（121.5 mg/kg）组外周血液 T 淋巴细胞的数量显著增加。由此可见，缺锌影响 T 淋巴细胞数量和 T 淋巴细胞体外转化能力，导致动物机体细胞免疫功能降低。

锌缺乏严重影响 B 淋巴细胞在骨髓中的发育，缺锌使小核骨髓细胞显著下降。中度、严重锌缺乏使年轻成年小鼠骨髓 B220$^+$ 的有核细胞明显降低，前体 B 细胞（B220$^+$Ig$^-$）在中等缺锌小鼠中降低 60%，严重缺锌者几乎消失，未成熟 B 细胞度下降 35%～80%，而成熟 B 细胞的抵抗力稍强。缺锌时 B 细胞的抗体应答受抑，表现在丝裂原反应和空斑形成反应（PFC）上，值得注意的是，胸腺依赖（TD）的抗体较非胸腺依赖（TI）的抗体应答易受锌缺乏的影响。与对照组相比，缺锌鼠的 B 细胞对 TD 抗原绵羊红细胞和 TI 抗原葡聚糖的 PFC 应答分别减少 90% 和 50%，若再给予正常饮食，IgM 的 PFC 活性在 1 周内恢复，而 IgG 需 1 个月才能恢复，说明 B 细胞或 T 细胞的同种型转换功能受锌缺乏影响更大。

1.2.4.4　影响体液免疫

体液免疫是动物特异免疫的另一重要方面，无论是抗体对病原体和毒素的中和作用，还是免疫调理吞噬作用，都与免疫球蛋白水平和抗体的效价关系密切。因此，锌对免疫球蛋白水平和抗体效价的影响，直接反映锌与体液免疫功能的关系。脾脏是体内最大的免疫器官，参与体液免疫，锌能诱导 B 细胞分泌球蛋白，增加牛、猪、鸡、鼠 B 细胞的免疫功能，提高免疫球蛋白的合成能力。

1.2.5　影响肠道上皮屏障功能

肠道上皮屏障由肠道黏液层、肠上皮细胞与细胞间紧密连接复合体构成。完整的肠道上皮屏障黏液层厚，肠上皮细胞与细胞间通透性低，可有效阻止日粮抗原与病原微生物等穿过肠黏膜侵入机体，减少炎症及全身性病症等的发生。肠道黏液层是杯状细胞分泌的黏蛋白与水、肠腔内其他物质结合形成的凝胶层，具有选择透过性与阻止病原微生物定植的特性，是隔离肠道菌群接触上皮细胞必不可少的。研究发现，2 425 mg/kg 的氧化锌可以增加断奶仔猪结肠中分泌中性与酸性黏蛋白的杯状细胞数量，同时增加糖基化黏蛋白 MUC1、MUC2、MUC13、MUC20 的 mRNA 表达量，促进肠道黏液层的形成，有效将肠上皮细胞与病原微生物隔开（Liu 等，2014）。

肠道上皮细胞的增殖与凋亡处于平衡状态是肠道发挥屏障作用的基础。研究发现，药理剂量（3 000 mg/kg）氧化锌可增加仔猪肠道细胞内还原型谷胱甘肽与氧化型谷胱甘肽比值，抑制氧化应激引起的受损肠道上皮细胞的凋亡，维持肠道上皮的完整性以及避免肠道功能紊乱（Wang 等，2009）。给由乙酸引起的肠道损伤的断奶仔猪饲喂 500 mg/kg 蒙脱石氧化锌后，受损的肠道得到恢复，结肠中细胞凋亡酶 caspase-9 和 caspase-3 活性下降，上皮细胞凋亡减少（Song 等，2015）。研究发现，100 mg/kg 脂质包被氧化锌可明显提高接受大肠杆菌攻毒断奶仔猪回肠的绒毛高度与隐窝深度比值以及十二指肠、空肠和结肠绒毛和隐窝中杯状细胞的数量（Kim 等，2015）。有研究探究了维生素 A 与 Zn-Met 对断奶仔猪的影响，发现 Zn-Met 可以显著增加断奶仔猪小肠绒毛高度、宽度并显著降低隐窝深度（彭秋媛，2016）。日粮中添加 Zn-Met 有利于提高 0~3 周龄肉仔鸡小肠绒毛高度并促进隐窝深度变浅（赵润梅，2010）。Xia 等（2017）发现纳米氧化锌的添加明显提高仔猪空肠绒毛高度及绒隐比。IGF-1 是一类促进细胞增殖与分化的调控因子，有研究显示口服 IGF-1 可以增加新生仔猪肠道的重量、空肠和回肠绒毛高度。Li 等（2006）发现药理剂量氧化锌可增加 4 周龄断奶仔猪小肠黏膜中 IGF-1 与其受体 mRNA 和蛋白的表达，促进肠上皮细胞增殖，增加绒毛高度。体外研究发现动物缺锌会使肠道闭锁小带蛋白-1（ZO-1）表达量下降，肠道屏障受到破坏。Wang 等（2012）也发现胶囊 ZnO 可显著提高断奶仔猪空肠中 IGF-1 mRNA 表达水平，IGF-1 可以显著增加空肠中 ZO-1 基因的表达。上述研究结果均显示氧化锌会影响肠道上皮屏障。有研究显示，高剂量的氧化锌可能是通过激活 21 日龄仔猪肠道的细胞外信号调节激酶（ERK），抑制 p38 丝裂原激活蛋白激酶（p38）与 c-jun 氨基末端激酶（JNK）的活动，调节具有促进细胞生长和分化功能的 TGF-β1 参与的信号通路，保持仔猪肠道上皮的完整性，促进消化吸收，减少腹泻。此外，蒙脱石氧化锌可以激活肠黏膜中的 ERK1/2 和 AKT，影响二者参与的信号通路，修复发生腹泻的肠道屏障（Song 等，2015）。

肠道上皮细胞间紧密连接复合体由上皮间紧密连接蛋白（Occludin、Claudin）与闭锁小带蛋白（ZO）两大类组成。紧密连接可以允许水和水溶性小分子顺利通过，而将大分子物质阻隔在外，防止肠上皮细胞发生移位。Roselli 等（2003）在体外培养的人肠道细胞 Caco-2 的培养液中加入产肠毒素型大肠杆菌（ETEC）后，Caco-2 细胞间紧密连接蛋白表达下降并受到损伤，添加氧化锌后 ETEC 数量虽未有变化，但其对细胞的黏附与内化被抑制，且上皮间紧密连接蛋白的表达增加，肠细胞得到保护。体内试验显示，高剂量氧化锌可以促进回肠黏膜中 Occludin 和 ZO-1 两种紧密连接蛋白 mRNA 和蛋白表达，降低肠道通透性，有效降低仔猪血浆中 D-乳酸、二胺氧化酶（DAO）含量。DAO 是存在于小肠绒毛中的高活性胞内酶，是反映肠道上皮屏障完整性和受损程度的重要指标。D-乳酸是细菌发酵的代谢产物，正常机体组织不含有，因此哺乳动物不具备将其快速降解的酶系统。正常情况下，D-乳酸不能进入血液，但当肠黏膜受损、通透性增加时，肠道中细菌产生的大量 D-乳酸就可通过受损黏膜进入血液，使血浆 D-乳酸含量升高，故血中 D-乳酸含量可用于评估肠道受损程度和通透性。因此，DAO 与 D-乳酸也是判断肠道通透性的指标。杨晋青等（2016）发现，高剂量（3 000 mg/kg）氧化锌可降低断奶仔猪血浆中 D-乳酸和 DAO 含量，降低肠道屏障通透性。Long 等（2017）研究结果显示，同对照组（不添加任何含锌物质）相比，添加高剂量氧化锌的断奶仔猪血清中 DAO 含量显著下降，说明添加高剂量氧化锌可有效低肠道通透性。

1.2.6　调节肠道菌群

肠道菌群一旦建立将能够快速适应环境的变化，如日粮改变等。成年动物肠道内已有的菌群不易发生改变，而幼龄动物还处于建立稳定的肠道菌群的时期，因此易于改变。日粮突然改变以及肠道生理功能发生急剧变化，都会促使条件性致病菌大量增殖，导致肠道菌群发生紊乱。肠道致病菌通常会在菌落不平衡的情况下增殖，可能会造成底物利用率降低，抑制其他细菌的竞争，或者宿主上皮组织的形态学改变或引起免疫反应，从而使肠道易受病原体入侵。最终，动物通过腹泻作为抵抗肠道机能障碍的一种对策。

氧化锌中起到抗菌作用的是游离 Zn^{2+}，它可以扩散到细菌细胞内，并作为一种基团。尽管细菌需要微量的锌作为辅助因子来维持自身的代谢，但 Zn^{2+} 对它们的毒性更受人关注。细菌已经进化出各种机制来消除细胞内 Zn^{2+} 过量富集所产生的有害作用。一般来讲，肠杆菌等革兰氏阴性菌依赖于质子-阳离子转运机制，而乳酸菌等革兰氏阳性菌则利用 P 型腺苷三磷酸水解酶来转运 Zn^{2+}。日粮中高浓度的氧化锌会显著影响肠道微生物。深度测序研究发现，高锌日粮对众多菌群组成会产生不同的反应。最显著的反应可见于断奶后 1~2 周。而且，相比于低锌日粮，肠道微生物菌群组成在小肠中变化最大，而在后肠中的变化并不明显。

最值得关注的推论是优势乳酸杆菌种类的持续减少，导致乳酸菌的组成转向异型发酵菌种（*Weissella*、*Leuonostoc*、*Steptococci*），梭状芽孢杆菌数量猛增以及肠杆菌多样性提高。在使用大剂量氧化锌 2 周后，作为肠杆菌一员的大肠杆菌并未受到明显抑制。肠道中大肠杆菌的减少主要发生在仔猪断奶后的第 1 周。事实上，更为深入的研究表明，仔猪在断奶后的 3~4 d 就可以观察到大肠杆菌数量的明显减少，减少程度取决于采食量的大小。菌群变化通常与无机 Zn^{2+} 的含量最为相关，而与蛋白结合锌相关性不大，和整体锌含量完全不相关。因而，实际起抗菌作用的很有可能是无机 Zn^{2+}。肠道菌群组成会在仔猪断奶 4 周后逐渐趋向"正常"，但是可观察到 Zn^{2+} 对代谢产物的持续作用。如延长氧化锌的使用至断奶后 3~4 周，会减少肠道末端短链脂肪酸的产生。这可能是氧化锌的负面作用，因为猪会将这些代谢产物用作能量储备。

细菌适应高浓度锌的能力在使用氧化锌的第 1 周就已经可以观察到了。利用肠道内容物进行的试验表明，与饲喂低锌日粮的猪相比，饲喂高锌日粮的猪肠道细菌能更快地适应高锌培养基。最值得注意的是，肠道菌是最为全能的，而该现象仅在仔猪断奶后 2 周内可以观察到。由于断奶仔猪腹泻通常是由致病性大肠杆菌所引起的，因而人们普遍认为锌的直接效应之一是减少这些致病性大肠杆菌的数量。然而，饲喂高锌日粮 2 周后，肠道内乳酸菌数量减少而梭菌数量增多，除肠道菌群多样性增加之外，未见其他明显变化。仅在刚断奶时，高锌对大肠杆菌有抑制效应。Zn^{2+} 可以造成环境应激，加速质粒在细菌间的转移，作为防止细菌灭绝的防御反应。因此，正常的大肠杆菌菌株可能会转变为耐药性菌株。这种环境应激维持的时间越长，形成耐药菌株的可能就越大（Jurgen 和 Wilfried，2015）。

1.3　研究展望

新生期是犊牛生长发育过程中的重要阶段，该阶段犊牛经历了从较为纯净的母体环境向复杂的外部环境的过渡，其某些生理功能还不成熟，如新生期犊牛瘤胃尚未发育，肠道上皮细胞发育不成熟、免疫功能低下、肠道内微生物区系尚未完整建立，极易受到病原微生物的侵害，引发肠道疾病。腹泻是新生犊牛最常见的肠道疾病之一，也是初生犊牛常见病发病率最高的疾病，犊牛腹泻严重会引起死亡，即使是治愈后也会影响成年后的泌乳性能，极大地阻碍着养牛业的发展。

因此，加强犊牛时期的饲养管理，通过营养调控的手段，在犊牛日粮中添加具有抗炎症抗腹泻效应作用的物质，提高犊牛的免疫功能及抗病能力，将有效缓解由于断奶应激诱发的犊牛腹泻，对于促进犊牛生长、增进犊牛健康，提高其成年后牛奶产量、提升牛奶品质，推动我国奶业持续健康发展具有十分重要的意义。

锌是机体的必需微量元素，与机体生长发育、细胞增殖分化、营养物质（蛋白质、矿物元素、维生素）代谢、繁殖和维持免疫功能等密切相关，可以说锌几乎涉及机体绝大部分的生理活动。在畜牧生产中，锌作为一种缓解腹泻、促进生长的添加剂被广泛应用于畜禽生产。锌添加剂可改善幼龄动物的免疫功能和抗氧化性能、促进肠道上皮屏障发育、改善肠道微生物区系。

然而，高剂量氧化锌容易导致残留和污染。一方面，高浓度的锌元素可能未参与机体代谢转化，而残留于畜产品中，危害消费者健康；另一方面，畜禽通过粪尿排泄大量未吸收锌离子，容易造成污染环境，进而危害人类健康。2017年，我国新修订的《饲料添加剂安全使用规范》禁止了高锌的添加，要求犊牛日粮中锌添加量必须低于 180 mg/kg。

因此，需要在限制高剂量锌添加剂的背景下，探究新生犊牛日粮中锌的最适添加量。另外，需要比较不同锌源对新生犊牛生长与腹泻的影响，筛选出绿色、高效的锌添加剂，以提高锌利用率，减少污染。

本书中的内容是在前期日粮不同来源锌缓解新生犊牛腹泻研究的最新成果及他人工作的基础上，围绕锌元素发挥免疫和增强肠道黏膜屏障功能等作用开展，进一步研究日粮不同来源锌对犊牛胃肠道发育及健康的影响，通过向犊牛日粮中添加无机锌和有机锌，研究日粮不同来源锌对其生长性能、腹泻情况、胃肠道菌群平衡及血液和肠道关键细胞因子含量及表达量的影响，从而深入、准确地揭示日粮不同锌源缓解犊牛断奶后腹泻的作用机制。一方面对于指导犊牛生产、增进其成年后健康、提高牛奶产量及质量、最大限度地发挥我国奶牛的遗传和生产潜力具有重大实际意义；另一方面减少锌排放，降低环境污染，保护生态平衡，具有十分重要的理论与现实指导意义。

2 不同剂量氧化锌对新生犊牛生长性能、抗氧化和血清、粪便中锌含量的影响

2.1 引言

腹泻是犊牛，尤其是新生犊牛最重要的健康问题之一（Virtala 等，1996；Mayer 等，2012），是导致奶牛场的经济损失的最主要原因之一（Pourliotis 等，2012）。锌是机体所需的重要微量元素，具有多种生物学功能，包括维持上皮屏障的完整性、细胞分裂和免疫反应等（Liberato 等，2015；Schulte 等，2016）。更为重要的是，研究表明锌是一种有效的抗炎和抗腹泻制剂（Oteiza 和 Mackenzie；2005；Hu 等，2013；Bonaventura 等，2015）。通常在动物日粮中添加锌，用以满足营养需求，促进生长和提高免疫功能，降低腹泻率（Fairbrother 等，2005；Pettigrew，2006）。口服药理剂量的氧化锌（ZnO），可以改善断奶仔猪的生长性能，并有效降低腹泻率（Heo 等，2010）。

同时，锌可以调节氧化应激（Prasad 等，2004）。前人研究表明，补锌可以改善血浆氧化应激标志物的增加（Prasad，2008）。Dresler 等（2016）发现蛋氨酸锌（Zn-Met）提高了断奶母犊牛血清中超氧化物歧化酶（SOD）的活性；Saleh 等（2018）发现 Zn-Met 可以提高高温条件下肉鸡血浆中谷胱甘肽过氧化物酶（GSH-Px）的浓度。Li 等（2019）研究证实给产蛋鸡补充 60 mg/kg 蛋氨酸锌同时提高了其肝脏中 SOD 和 GSH-Px 活性。

据报道，氧化锌是一种具备上述优异功能的天然形态的无机锌（Schell 和 Kornegay，1996；Hu 等，2012；Glover 等，2013）。然而，高剂量氧化锌的使用使大量未被吸收的锌离子随粪便进入环境，造成浪费和环境污染，同时，还会影响其他矿物元素的吸收。鉴于此，2016 年欧盟 1095 号文件与 2017 年我国新修订的《饲料添加剂安全使用规范》明确禁止了高锌的使用，要求犊牛日粮中锌添加量低于 180 mg/kg。然而，现有养殖标准中，对于犊

牛日粮中锌的适宜添加水平尚不明确，有待于进一步研究。

本部分内容旨在评价不同剂量氧化锌对新生犊牛生长性能、腹泻率、抗氧化性能、粪便和血清中锌含量、血清中锌代谢关键酶和蛋白的影响，有助于阐明犊牛饲养早期锌的最佳添加量。

2.2 材料与方法

2.2.1 试验材料

氧化锌，纯度为 96.64%，由湖南省衡阳市中宝饲料科技公司提供。

2.2.2 试验动物和试验日粮

试验选用初生荷斯坦犊牛 40 头（公犊牛 10 头，母犊牛 30 头），初生体重为 40.6 kg±6.7 kg。新生犊牛在出生后 1 h 灌服 4 L 初乳。随后，第 2~3 天分别于 8:30 和 16:00 用奶壶饲喂常乳两次，每次 2 L。第 4~14 天用奶桶饲喂 8 L 的常乳。第 4 天开始添加开食料，自由采食，每天记录采食量。氧化锌混合于牛奶中进行饲喂。根据 NRC（2001）营养需要配制犊牛开食料，其组成和营养水平如表 2-1 所示。

表 2-1　开食料的组成成分和营养水平（干物质基础）

项目		含量（%）
组成成分	玉米	37.8
	野麦	20.2
	豆饼	18.2
	麦麸	2.8
	小麦次粉	7.8
	糖蜜	1.6
	牡蛎壳	1.6
	盐	0.8
	膨润土	0.8
	磷酸钙	1.2
	膨化大豆	6.4
	预混料[1]	0.8

（续表）

项目		含量（%）
化学组分[2]	干物质	89.01
	粗蛋白质	20.83
	乙醚提取物	3.57
	酸性洗涤纤维	5.55
	中性洗涤纤维	15.97
	粗灰分	6.35

注：[1] 每千克饲料提供的预混料包含维生素 A 1 000 000 IU，维生素 D 270 000 IU，维生素 E 2 900 IU，铜 5 000 mg，铁 9 000 mg，锰 6 000 mg，硒 67 mg，碘 227 mg，钴 20 mg，镁 9 800 mg。
[2] 分析值。

2.2.3 试验设计与饲养管理

将 40 头试验犊牛随机分为 5 组，每组 8 头（公犊牛 2 头，母犊牛 6 头）。所有犊牛在出生后 10 min 内从母牛的围栏中移走，被安置在单独的围栏（1.8 m×1.4 m×1.2 m）中，围栏里铺有稻草，并用铁栅栏相隔，以避免同一农场的犊牛之间发生交叉污染。出生后 1 日龄开始，处理 1 无添加（对照组），处理 2 每日每头添加 25.97 mg/d ZnO（相当于锌 20 mg/d），处理 3 每日每头添加 51.58 mg/d ZnO（相当于锌 40 mg/d），处理 4 每日每头添加 103.16 mg/d ZnO（相当于锌 80 mg/d），处理 5 每日每头添加 154.74 mg/d ZnO（相当于锌 120 mg/d）。试验进行至犊牛出生后 14 日龄结束。

2.2.4 样品采集与指标测定

2.2.4.1 生产性能与腹泻

测量犊牛初生重和 15 日龄晨饲前空腹体重，以计算平均日增重（ADG）。在整个试验期内每日记录牛奶和开食料采食量，计算干物质采食量（DMI）。试验期，每天早、晚观察犊牛粪便形态并进行评分（Teixeira 等，2015），评分标准如下：0 分，硬粪；1 分，糊状粪便；2 分，成形粪便与液体状粪便混合；3 分，液体状粪便，颜色正常；4 分，水样粪便，颜色不正常。犊牛连续 2 d 粪便评分为 3 或 4 分即认定为发生腹泻。根据记录的犊牛腹泻头数与腹泻持续时间，计算腹泻率。计算公式如下。

腹泻率（%）＝［总腹泻头数×腹泻天数／（试验头数×试验天数）］×100

2.2.4.2　开食料

测定开食料中干物质（DM）[AOAC（2005），方法 930.15]、粗蛋白质（CP）[AOAC（2000），方法 976.05]、粗脂肪（EE）[AOAC（2003），方法 4.5.05]、粗灰分（GB/T 6438—2007）、中性洗涤纤维（NDF）和酸性洗涤纤维（ADF）（Van Soest 等，1991）的含量。

2.2.4.3　粪便和血清样品

试验结束时，从直肠无菌采集新鲜粪便样本（约 3.0 g）用于测定微量元素含量。在试验结束时，晨饲前，采用真空采血管进行颈静脉采血，3 000×g 4℃离心 15 min 后制备血清，保存于−20℃冰箱备用。粪便和血清中微量元素浓度采用电感耦合等离子发射光谱仪（ICP - OES）进行测定（GB 5009.268—2016）。

血清中碱性磷酸酶（ALP）和金属硫蛋白（MT）含量采用酶联免疫吸附（ELISA）测定法进行测定，试剂盒购于武汉基因美科技有限公司，并严格按照操作说明进行测定。血清中谷胱甘肽过氧化物酶（GSH-Px）、超氧化物歧化酶（SOD）活性和丙二醛（MDA）含量采用南京建成生物工程研究所的试剂盒进行测定。

2.2.5　数据分析

采用 SAS 9.3 软件的 GLIMMIX 程序中的卡方检验来检验各处理组不同锌添加水平对腹泻率的影响。其他数据均采用 SAS 9.3 软件的 GLIMMIX 程序进行分析。犊牛性别差异对试验结果无影响，因此未包括在模型中。$P<0.01$ 表示差异极显著，$P<0.05$ 表示差异显著，$0.05 \leqslant P<0.10$ 表示有差异显著的趋势。

2.3　结果

2.3.1　犊牛的生长性能和腹泻率

由表 2-2 可知，添加不同剂量氧化锌对犊牛生长性能和腹泻率没有显著影响（$P>0.05$）。各处理组犊牛末重、平均日增重（ADG）、平均日采食量（ADFI）和饲料转化率无差异。尽管对照组和补锌组的腹泻率差异不显著，但在数值上，补锌组的腹泻率低于对照组。犊牛日粮中添加 80 mg/d 和 120 mg/d 锌时，腹泻率分别降至 22.32% 和 21.43%。

表 2-2　饲喂不同剂量 ZnO 对荷斯坦犊牛生长性能和腹泻率的影响

项目	锌添加量（mg/d）					标准误	P 值	
	0	20	40	80	120		线性	二次
初生重（kg）	40.6	40.7	40.5	40.5	40.5	3.94	0.98	1.00
末重（kg）	46.5	47.0	46.0	47.2	47.1	3.62	0.89	0.96
平均日增重（g/d）	425	452	388	476	472	72.8	0.55	0.86
牛奶采食量（g DM/d）	839	843	847	863	824	17.6	0.73	0.20
开食料采食量（g DM/d）	55.7	48.1	55.6	55.1	51.3	3.99	0.86	0.77
总采食量（g DM/d）	895	891	902	918	875	18.9	0.72	0.21
饲料转化率（g DMI/g 增重）	2.32	2.24	2.99	2.24	2.38	0.387	0.93	0.54
腹泻率（%）	33.93	27.68	24.11	22.32	21.43	—	0.16	0.52

2.3.2　粪便和血清中的微量元素浓度

如表 2-3 所示，粪便中锌和铁的浓度随着锌添加量的增加呈线性增加（$P<0.01$）。与对照组相比，日粮中添加 40 mg/d 锌和 120 mg/d 锌组犊牛粪便中锌含量显著高于对照组（$P<0.05$），添加 120 mg/d 锌组铁含量显著高于其他 4 组（$P<0.05$）。

表 2-3　饲喂不同 ZnO 添加量的荷斯坦奶牛粪便和血清中微量元素的浓度

项目	锌添加量（mg/d）					标准误	P 值	
	0	20	40	80	120		线性	二次
粪便营养元素含量（mg/kg）								
锌	93.76	142.76	240.51	207.55	277.13	41.980	<0.01	0.38
铁	258.23	255.46	349.98	306.28	594.52	75.467	<0.01	0.19
铜	7.26	6.27	9.82	7.65	9.44	1.632	0.32	0.89
血清营养元素含量（mg/kg）								
钙	180.05	180.76	175.02	200.63	186.16	9.456	0.27	0.62
铜	1.49	1.26	1.32	1.43	1.34	0.128	0.82	0.67
铁	3.54	3.49	3.50	5.01	3.32	0.560	0.60	0.17
镁	22.32	24.32	19.66	24.25	23.88	1.236	0.29	0.47
磷	156.43	154.39	149.73	160.52	166.64	8.450	0.25	0.46
锌	0.94	1.13	1.16	1.40	1.12	0.101	0.10	0.02

犊牛日粮中添加不同剂量锌对新生犊牛血清中钙、铜、铁、镁和磷浓度没有影响。但是，随锌添加量的增加，血清中锌浓度先升高后下降，呈二次曲线变化，在 80 mg/d 时达到峰值（$P<0.05$）。

2.3.3　血清中锌依赖酶、锌结合蛋白以及抗氧化物浓度

血清中 ALP、MT、GSH-Px、SOD 活性及 MDA 浓度如表 2-4 所示。随着日粮中 ZnO 剂量的增加，ALP 浓度呈二次曲线上升，在 80 mg/d 时达到峰值（$P<0.05$）。同时，添加 ZnO 可使 MT 浓度线性提高（$P<0.01$）。如表 2-4 所示，各处理组之间的 GSH-Px 浓度没有差异。值得注意的是，随着 ZnO 添加量的增加，血清中 SOD 活性呈线性升高（$P<0.01$），但 MDA 含量呈线性下降（$P<0.05$）。

表 2-4　饲喂不同 ZnO 添加量的荷斯坦奶牛血清中锌依赖酶、锌结合蛋白和抗氧化标志物的浓度

项目	锌添加量（mg/d）					标准误	P 值	
	0	20	40	80	120		线性	二次
ALP（pg/mL）	1 509.54	1 691.03	1 772.63	1 805.48	1 729.38	79.319	0.07	0.04
MT（pg/mL）	833.59	887.45	925.52	979.36	996.65	46.414	<0.01	0.42
GSH-Px（nmol/mL）	162.47	168.36	175.26	180.46	189.16	14.634	0.17	0.89
SOD（U/mL）	76.25	79.40	80.44	82.55	87.90	4.225	<0.01	0.88
MDA（nmol/mL）	7.12	5.85	5.73	5.53	5.12	0.578	0.03	0.35

2.4　讨论

锌主要通过肠道吸收、粪便和尿液的排出来维持稳态（NRC，2001）。由于锌在体内不能合成和贮存，而其本身又是机体必需的微量元素，因此必须通过饮食进行补充（Bonaventura 等，2015）。以往研究证实锌可促进犊牛生长（Graham 等，2010；Glover 等，2013），本试验结果表明，每日摄入<120 mg 锌对新生犊牛 ADG、ADFI 和饲料转化率无影响。这一结果与前人研究一致，Salyer 等（2004）研究表明饲喂低剂量有机锌或无机锌对母犊牛的生长性能无影响。Spears（1991）和 Galyean 等（1995）也报道了添加有机锌或无机锌对犊牛或生长牛的性能没有影响。

　　鉴于犊牛出生后 2~3 周是腹泻的高发期，本研究旨在筛选犊牛出生后 2 周内日粮中添加 ZnO 的最佳剂量，以探讨其预防腹泻的效果。出乎意料的是，添加相对较低剂量的锌对腹泻率无影响，这与锌在儿童中的相关报道不同（Patel 等，2010）。其原因可能是儿童腹泻多由缺锌引起，因此补充锌可以有效缓解缺锌儿童的腹泻，也许这是区别于犊牛试验结果的根本原因。在本试验中，对照组犊牛除腹泻外，未发现其他明显的缺锌症状。说明在本试验条件下，对照组犊牛从牛奶和开食料中摄入体内的锌量，可能接近它们的最低需要量。

　　尽管药理剂量的氧化锌与抗生素的疗效相似，但过量锌的使用会浪费资源，并可能与其他金属离子发生相互作用（NRC，2001；Glover 等，2013；Deng 等，2017）。在本试验中，补锌使血清锌浓度呈二次曲线上升，峰值为 80 mg/d，但对血清中铁和铜的含量没有影响。与本研究结果类似，Jia 等（2009）研究表明补锌对绒山羊血清中铜和铁浓度没有影响；此外，增加锌添加量对不同处理组动物血清中钙、磷、镁浓度无明显影响。Garg 等（2008）发现补锌不影响羔羊血清中钙、无机磷和锰的浓度，与我们的试验结果相似。饲料中最佳锌含量可以最大限度地提高健康和营养效益，并与其他微量元素保持平衡。在本试验条件下，尽管锌和铜相互拮抗，但日粮中补锌并未影响铜的吸收（NRC，2001）。

　　在本试验中，粪便中锌和铁的含量随着日粮中 ZnO 添加量的增加而线性增加，进一步表明铁和锌可能具有共同的吸收机制（NRC，2001）。与其他 ZnO 添加剂量相比，每日饲喂 80 mg 锌的犊牛，其粪便中锌含量相对较低，而血清中锌含量较高，这可能表明其生物利用率更高。

　　研究表明，除了血清和组织锌含量外，血清中锌依赖酶（包括 ALP 和 SOD）和锌结合蛋白（如 MT 和胰岛素）的浓度也是反映机体锌营养状况的良好指标（Vallee 和 Falchuk，1993；Yin 等，2009）。ALP 作为锌依赖酶之一，是反映体内锌浓度的灵敏指标。Samman 等（1996）指出，由于日粮锌含量低，红细胞 ALP 活性下降。在本试验中，ALP 浓度随锌添加量的增加呈二次曲线上升，在 80 mg/d 时达到峰值，这与补锌影响血清锌含量的结果一致。Ruz 等（1992）也得到了类似的结果，即 ALP 可能是反映人体锌状况的一项潜在指标。

　　另一种重要的锌依赖酶是 SOD，它是一种非常有效的抗氧化金属酶。众所周知，SOD 催化超氧阴离子自由基歧化生成过氧化氢，是动物抗氧化状态的重要标志（Prasad，2008；Gong 等，2014）。Cunnigham-Rundles 等

（1990）发现日粮锌含量为 80～120 mg/kg 时 SOD 活性最强。此外，锌还可以诱导 MT 的合成，MT 是一类与锌有高亲和力的金属结合蛋白，也是 ·OH 的优良清除剂，其清除 ·OH 的能力远优于 SOD 和 GSH-Px（Kagi 和 Schaffer，1998；Mocchegiani 等，2011）。锌在降低丙二醛（MDA）浓度方面也起着重要作用（Karamouz 等，2010），MDA 是脂质过氧化的终产物之一，也是氧化应激的有效标志物（Gaweł 等，2004）。以往研究表明锌是一种有效的抗氧化剂，在细胞培养和动物模型中开展的诸多研究均证实了这一点（Karamouz 等，2010）。同时，目前研究表明，随着日粮中 ZnO 剂量的增加，特别是在锌含量> 80 mg/d 时，血清中 MT 浓度以及 SOD 活性呈线性增加，而 MDA 含量则呈线性下降。各处理组犊牛血清中 GSH-Px 活性无明显差异，表明在本试验条件下，添加锌未影响 GSH-Px 活性。每日饲喂 80 mg 锌的犊牛抗氧化状况的改善可能有助于降低腹泻发病率，但其作用机制有待于进一步探究。

2.5 小结

本研究表明，添加低剂量 ZnO 未影响犊牛生长性能和腹泻率。然而，血清和粪便中锌的浓度随着 ZnO 添加量的增加而增加。每日饲喂 80 mg 锌的犊牛粪中锌含量相对较少，而血清锌含量较高，说明在此补锌水平下的生物利用率相对较高。日粮中添加 ZnO 同时提高了血清中 ALP、SOD 和 MT 浓度，降低了 MDA 含量，表明锌改善了新生犊牛的抗氧化状态，反过来有助于降低腹泻率。

综上所述，以 ZnO 形式添加 80 mg/d 的锌具有较高的生物利用率，可推荐饲喂给初生犊牛，以促进其机体锌代谢。

3 不同剂量氧化锌对新生犊牛免疫功能及直肠微生物菌群的影响

3.1 引言

　　新生犊牛因胃肠道系统发育不完全，免疫功能尚未完全建立，15 日龄前的腹泻发生率可达 14.10%，死亡率可达 8.03%，给牧场带来极大的经济损失（魏加波，2014）。有效预防与缓解腹泻的发生，对犊牛健康、成年后生长性能的发挥以及养牛业的发展至关重要。锌是机体所需的重要微量元素，具有提高免疫、抗炎症和抗氧化等多种生理功能（Prasad，2014；Bonaventura 等，2015）。研究发现，发展中国家幼龄儿童腹泻发生与锌缺乏有关，给其口服含锌补液后腹泻发生率与腹泻持续时间降低，对缓解腹泻有一定作用（Black，2003；Liberato 等，2015）。在畜牧生产中，Poulsen（1995）首次提出日粮添加 3 000 mg/kg 氧化锌可以有效缓解仔猪因断奶应激引起的腹泻发生，并促进其生长。之后大量研究也证实，高剂量（2 000~4 000 mg/kg）氧化锌在缓解断奶仔猪腹泻和促进生长方面具有较好效果（Slade 等 2011；Wang 等，2012；吕航，2016）。然而高剂量氧化锌的使用使大量未被吸收的锌离子随粪便进入环境，导致环境污染等问题。2016年欧盟 1095 号文件与 2017 年我国新修订的《饲料添加剂安全使用规范》明确禁止了高锌的使用，要求犊牛日粮中锌添加量低于 180 mg/kg。然而，现有养殖标准中，对于犊牛日粮中锌的适宜添加水平尚不明确，有待于进一步研究。鉴于此，本试验旨在研究不同水平氧化锌对新生犊牛生长性能、免疫功能及直肠微生物菌群的影响，为生产中指导无机锌在犊牛早期饲养中的科学应用提供理论依据。

3.2　材料与方法

3.2.1　试验材料

氧化锌，饲料级，纯度为 96.64%，锌含量为 76.84%，由湖南省衡阳市中宝饲料科技有限公司提供。

3.2.2　试验动物与试验设计

试验在河北省新乐市鸿运奶牛专业合作社进行。选取健康、体重 41.6 kg± 7.4 kg 相近的新生荷斯坦犊牛 24 头（8 头公犊牛，16 头母犊牛），随机分为 4 组，每组 6 头（2 头公犊牛，4 头母犊牛）。对照组（Zn-0 组）犊牛仅饲喂牛奶和开食料；Zn-40 组犊牛在饲喂牛奶与开食料的基础上，每日每头饲喂 51.58 mg 的 ZnO（相当于 40 mg 锌）；Zn-80 组犊牛每日每头饲喂 103.16 mg 的 ZnO（相当于 80 mg 锌）；Zn-120 组犊牛每日每头饲喂 154.74 mg 的 ZnO（相当于 120 mg 锌）。试验从犊牛出生开始，到 14 日龄结束，共 14 d。

3.2.3　饲养管理与试验日粮

犊牛出生后 2 h 内灌服初乳 4 L。第 2~3 天，用奶壶饲喂初乳，每天两次（8:30；16:00），每次 2 L。第 4~14 天，用奶桶饲喂常乳，每天 8 L，第 4 天开始给犊牛添加开食料，自由采食，每天记录采食量。试验期间保证干净、充足水源。氧化锌与牛奶混合后饲喂给犊牛。犊牛开食料原料组成与营养水平见表 3-1，采食牛奶主要营养成分见表 3-2。试验开始前对水、牛奶和开食料中锌含量进行测定，水中锌含量为 0，牛奶和开食料中锌含量分别为 4.01 mg/kg 和 22.97 mg/kg。

表 3-1　开食料组成及营养水平（干物质基础）

项目		含量（%）
原料	玉米	37.8
	羊草	20.2
	豆饼	18.2
	小麦麸	2.8
	次粉	7.8

（续表）

项目		含量（%）
原料	糖蜜	1.6
	牡蛎壳粉	1.6
	食盐	0.8
	膨润土	0.8
	磷酸钙	21.2
	膨化大豆	6.4
	预混料[1]	0.8
	合计	100.0
营养水平[2]	泌乳净能 NE_L（MJ/kg）	5.42
	干物质	89.01
	粗蛋白质	20.83
	粗脂肪	3.57
	酸性洗涤纤维	5.55
	中性洗涤纤维	15.97
	粗灰分	6.35

注：[1] 每千克饲料提供的预混料包含维生素 A 1 000 000 IU，维生素 D 270 000 IU，维生素 E 2 900 IU，铜 5 000 mg，铁 9 000 mg，锰 6 000 mg，硒 67 mg，碘 227 mg，钴 20 mg，镁 9 800 mg。

[2] 泌乳净能为计算值，根据 NRC（2001）计算得到，其余为实测值。

表 3-2　牛奶营养水平

项目	含量（%）
乳蛋白率	3.26
乳脂肪率	3.52
乳糖率	5.11
总固形物	12.56
非脂固形物	9.07
干物质	12.42

3.2.4　样品采集与指标测定

3.2.4.1　牛奶及开食料

　　试验期间，采集犊牛饮用牛奶和开食料样品，−20℃ 保存。牛奶营养成分使用乳成分分析仪（MilkoScan™ FT6000）进行测定。开食料测定干物质（DM）［AOAC（2005），方法 930.15］、粗蛋白质（CP）［AOAC（2000），方法 976.05]、粗脂肪（EE）　[AOAC（2003），方法 4.5.05]、粗灰分（GB/T 6438—2007）、中性洗涤纤维（NDF）和酸性洗涤纤维（ADF）（Van Soest 等，1991）的含量。采用电感耦合等离子发射光谱仪（ICP-OES）测定水、牛奶和开食料中的锌含量（GB 5009.268—2016）。

3.2.4.2　体重

分别于犊牛出生和 15 d 晨饲前，使用电子秤称量犊牛空腹体重，计算平均日增重（ADG）。

3.2.4.3　牛奶采食量与开食料采食量

试验期记录犊牛牛奶和开食料摄入量，计算牛奶采食量、开食料采食量、总采食量和料重比（F/G）。

3.2.4.4　腹泻率的测定

试验期，每天早、晚观察犊牛粪便形态并进行评分（Teixeira 等，2015），评分标准如下：0 分，硬粪；1 分，糊状粪便；2 分，成形粪便与液体状粪便混合；3 分，液体状粪便，颜色正常；4 分，水样粪便，颜色不正常。犊牛连续 2 d 粪便评分为 3 或 4 分即认定为发生腹泻。根据记录的犊牛腹泻头数与腹泻持续时间计算腹泻率。计算公式如下。

腹泻率（%）＝［总腹泻头数×腹泻天数／（试验头数×试验天数）］×100

3.2.4.5　血清免疫球蛋白含量的测定

犊牛 15 日龄时，晨饲前进行颈静脉采血 10 mL，室温静置 30 min，3 000×g、4℃离心 15 min 后制备血清，保存于-20℃冰箱备用。血清中免疫球蛋白 A（IgA）、免疫球蛋白 G（IgG）和免疫球蛋白 M（IgM）含量采用酶联免疫吸附试验（ELISA）法测定，试剂盒购于 Bethyl 公司。

3.2.4.6　直肠微生物含量的测定

（1）取样

犊牛 15 日龄晨饲前，采集犊牛直肠内容物于 2 mL 冻存管，保存于-20℃，用于直肠内容物中大肠杆菌和乳酸菌含量的测定。

（2）微生物纯培养法测定直肠微生物含量

大肠杆菌含量的测定使用 GB 4789.3—2016 中的大肠菌群平板计数法，乳酸菌含量的测定使用 GB 4789.35—2016 中的方法。取 1 mL 直肠内容物与 9 mL 生理盐水混合，依次制备 10 倍系列稀释液。选取 10^{-6}～10^{-4} 稀释度菌液，大肠杆菌接种结晶紫中性红胆盐琼脂（VRBA）培养基，37℃培养 24 h，将培养后菌落数在 15～150 CFU 平板上的典型和可疑大肠菌群菌落移种于煌绿乳糖胆盐（BGLB）肉汤管，若 BGLB 肉汤管产气，即报告大肠菌群阳性。乳酸菌接种 MRS 培养基，37℃ 厌氧培养 48 h±2 h。直肠内容物中大肠杆菌和乳酸菌含量按下列公式计算。

大肠杆菌含量（CFU/mL）= 大肠菌群阳性率×计数菌落数×稀释倍数；

$$乳酸菌含量（CFU/mL）= \sum C/(n_1+0.1×n_2)×d。$$

式中，$\sum C$ 为平板（含适宜范围菌落数的平板）菌落数之和；n_1 为第 1 稀释度（低稀释倍数）平板个数；n_2 为第 2 稀释度（高稀释倍数）平板个数；d 为稀释因子（第 1 稀释度）。

（3）实时荧光定量 PCR 法测定直肠微生物含量

使用实时荧光定量 PCR 的绝对定量法对大肠杆菌和乳酸菌含量进行测定。首先，使用粪便基因组 DNA 提取试剂盒［天根生化科技（北京）有限公司，DP328］提取粪便微生物总 DNA，并测定浓度。以 DNA 为模板，用目的基因引物进行 PCR 扩增，引物由 Invitrogen 公司合成（表 3-3）。反应完毕后，用 1% 琼脂糖凝胶电泳检查扩增结果，目的片段进行琼脂糖凝胶回收，回收的 PCR 产物进行 TA 连接，22℃ 连接约 4 h，转化感受态细胞大肠杆菌 DH5α，并涂布平板培养。挑取平板上的阳性克隆进行 PCR 鉴定，最后提取质粒作为绝对定量的标准品。质粒标准品从 $10^1 \sim 10^5$ 进行 10 倍梯度稀释，每个梯度取 2 μL 做模板建立标准曲线。乳酸菌标准曲线为：$Y = -3.457X + 37.37$（$R^2 = 0.99$）；大肠杆菌标准曲线为 $Y = -3.696X + 47.579$（$R^2 = 0.91$）；其中 Y 为阈值 Ct，X 为拷贝数。使用 Applied Biosystems 7 500 实时荧光定量仪和 TaKaRa SYBR Premix Ex Taq TM Ⅱ（TliRNaseH Plus）、ROXplus 试剂盒对样本 DNA 进行定量，每个样品 3 个重复，根据标准曲线与样品 Ct 值计算拷贝数。荧光定量体系为 18 μL，包括 10 μL 2×Master Mix，0.5 μL 上游引物，0.5 μL 下游引物，7 μL 灭菌水和 2 μL DNA。PCR 扩增程序为：95℃ 预变性 30 s，95℃ 变性 5 s，60℃ 退火 30 s，40 个循环；95℃ 15 s，60℃ 1 min，95℃ 15 s。目的微生物的数量以每个样品中每克内容物细菌 16S rRNA 拷贝数的对数值［lg（拷贝数/g）］表示。

表 3-3 目的菌群实时荧光定量 PCR 引物

项目	引物序列（5'—3'）	扩增长度（bp）	参考文献
乳酸菌	上游：AGCAGTAGGGAATCTTCCA 下游：CACCGCTACACATGGAG	341	Walter 等，2001
大肠杆菌	上游：ACTCCTACGGGAGGCAGCAG 下游：GGACTACHVGGGTWTCTAAT	468	El-Ashram 等，2017

3.2.5　数据统计分析

使用 Excel 2007 软件对试验数据进行初步处理，腹泻率采用卡方检验进行分析，其他数据采用 SAS 9.4 软件的 GLM 模型进行分析。$P<0.05$ 表示差异显著，$0.05 \leqslant P < 0.10$ 表示差异有显著趋势。

3.3　结果

3.3.1　氧化锌对新生犊牛生长性能和腹泻情况的影响

由表 3-4 可知，日粮添加不同水平氧化锌对犊牛平均日增重、牛奶采食量、开食料采食量、总采食量、料重比无显著影响（$P>0.05$），Zn-80 组犊牛的平均日增重、牛奶采食量、开食料采食量和总采食量最高。日粮添加不同水平氧化锌对犊牛腹泻率影响不显著（$P>0.05$），但与对照组相比，试验组犊牛腹泻率均有所降低。

表 3-4　氧化锌对新生犊牛生长性能与腹泻情况的影响

项目	处理				标准误	P 值	
	对照组	Zn-40	Zn-80	Zn-120		线性	二次
平均日增重（g/d）	440.48	453.57	516.67	498.81	90.62	0.563	0.866
牛奶采食量（g/d DM）	825.00	828.81	849.17	833.32	14.46	0.492	0.505
开食料采食量（g/d DM）	52.09	52.36	52.98	50.11	3.05	0.701	0.612
总采食量（g/d DM）	877.09	881.17	902.14	883.43	15.66	0.574	0.475
料重比	2.32	2.42	1.95	2.26	0.63	0.478	0.817
腹泻率（%）	30.95	25.00	21.43	23.81		>0.05	

3.3.2　氧化锌对新生犊牛血清中免疫球蛋白含量的影响

由表 3-5 可知，随着日粮氧化锌添加水平的增加，血清中 IgM、IgG 和 IgA 含量线性升高（$P<0.05$）。

表 3-5　氧化锌对新生犊牛血清中免疫球蛋白含量的影响

项目	处理				标准误	P 值	
	对照组	Zn-40	Zn-80	Zn-120		线性	二次
IgG（mg/mL）	15.63	17.21	19.63	20.99	1.76	0.029	0.951
IgM（mg/mL）	2.90	3.26	3.72	3.77	0.23	0.007	0.515
IgA（μg/mL）	53.65	58.04	61.46	66.74	4.28	0.037	0.918

3.3.3　氧化锌对新生犊牛直肠微生物含量的影响

由表 3-6 可知，微生物纯培养法结果显示，随着日粮氧化锌添加水平的增加，直肠中乳酸菌含量线性增加（$P<0.05$），直肠中大肠杆菌含量有线性下降趋势（$P=0.078$）。实时荧光定量 PCR 法结果也显示，随着日粮氧化锌添加水平的增加，直肠中乳酸菌含量线性增加（$P<0.05$），直肠中大肠杆菌含量有线性下降趋势（$P=0.080$）。

表 3-6　氧化锌对新生犊牛直肠微生物含量的影响

项目	处理				标准误	P 值	
	对照组	Zn-40	Zn-80	Zn-120		线性	二次
微生物纯培养法（CFU/mL）							
大肠杆菌（×10⁵）	4.34	3.97	3.49	3.53	0.35	0.078	0.564
乳酸菌（×10⁷）	3.06	3.94	4.37	4.16	0.38	0.037	0.166
实时荧光定量 PCR 法 [lg（拷贝数/g）]							
大肠杆菌	9.15	8.86	8.46	8.16	0.41	0.080	0.982
乳酸菌	6.45	6.99	7.53	7.38	0.35	0.043	0.331

3.4　讨论

3.4.1　氧化锌对新生犊牛生长性能与腹泻情况的影响

新生期是犊牛快速生长发育期，促进该阶段犊牛生长发育有助于其成年后生长性能的发挥。采食量、平均日增重和料重比是衡量动物生长状况的重要指标。采食量高低影响动物摄取营养物质的高低，从而影响平均日增重，而平均日增重又对评估动物料重比、整体健康状况等有重要作用（Dingwell 等，2006）。本试验结果表明，新生犊牛每日锌添加水平为 40 mg、80 mg 和 120 mg 时，对其平均日增重、采食量和料重比没有显著影响。Wright 等（2004）研究发现，补饲 20 mg/kg 硫酸锌对荷斯坦犊牛采食量和平均日增重无显著影响。Mandal 等（2008）给 14～15 月龄公犊牛补饲 35 mg/kg 硫酸锌后，其采食量和平均日增重与对照组间无显著差异。Genther-Schroeder 等（2018）研究发现，补饲 60 mg/kg 氨基酸锌对安格斯杂交牛的采食量和平均日增重无显著影响。前人研究低剂量锌对犊牛生长性能影响的结果与本试验结果一致。本试验结果表明，日粮低氧化锌添加水平未能显著提高新生犊牛生长性能，但与对照组相比，Zn-80 组犊牛平均日增重与采食量增加最多。

腹泻是新生犊牛常见疾病，发病率与死亡率较高，威胁着犊牛健康与生长性能的发挥，是牧场亟待解决的问题。高锌有缓解断奶仔猪腹泻的功效，但其对犊牛腹泻影响的报道较少。Glover 等（2013）发现，与对照组相比，补饲 80 mg 氧化锌可以缩短犊牛腹泻的治愈时间。目前，锌对腹泻的缓解作用主要集中在治疗方面，然而最佳的解决方法是预防（Giedt 等，2015）。研究发现，给缺锌的发展中国家儿童补锌可有效降低腹泻发生率，从而认为锌对腹泻具有预防作用（Sazawal 等，1995；Patel 等，2010）。本试验从犊牛出生至 14 日龄就饲喂不同水平氧化锌，研究低水平锌对新生犊牛腹泻的预防作用，结果显示，试验组犊牛腹泻率较对照组相比，差异未达到显著水平，但其数值均有所下降，表明锌对犊牛腹泻的发生可能有一定预防作用。新生犊牛肠道尚未发育完全，绒毛高度低，通透性高，极易受到病原微生物的感染，本试验中锌降低犊牛腹泻率可能与其参与体内胞外信号调节激酶（Extracellular signal-regulated kinases，ERK）信号通路、促进新生犊牛尚未发育完全的肠道的细胞增殖与分化、维持肠道黏膜的完整、保护肠道免受病原菌对其的损伤（Talukder 等，2011）有关，具体的作用机制还有待于进一步研究。

3.4.2 氧化锌对新生犊牛血清中免疫球蛋白含量的影响

研究表明，缺锌会影响机体免疫器官发育，导致树突状细胞 T 淋巴细胞、前 B 淋巴细胞的增殖受到抑制，免疫系统清除病原能力下降（Maares 等，2016）。但也有研究表明，高锌会抑制机体的免疫功能（Camp 等，2001；Sundaram 等，2014）。因此，只有添加适宜水平的锌才能有效发挥其对免疫功能的促进作用。免疫球蛋白是动物受到抗原刺激后产生的中和、清除抗原的一类球蛋白。冷静等（2005）研究发现，补饲 1 000 mg/kg 的氧化锌可以显著提高断奶仔猪血清中免疫球蛋白含量。陈亮等（2008）研究发现，短期饲喂高剂量氧化锌可以促进血清中免疫球蛋白含量的增加。新修订的《饲料添加剂安全使用规范》中规定了犊牛日粮中锌添加量不超过 180 mg/kg。因此，本试验给犊牛每日饲喂不同低水平氧化锌后发现，犊牛血清中 IgG、IgA 和 IgM 含量呈线性增加。Satyanarayana 等（2017）研究发现，补饲 60 mg/kg 的有机锌可以增加犊牛血清中的抗体浓度。Parashuramulu 等（2015）研究发现，补饲 80 mg/kg 和 140 mg/kg 硫酸锌可以显著提高水牛犊抗布氏杆菌的体液免疫能力，且二者间不存在显著差异。Dresler 等（2016）研究表明，补饲 30 mg/kg 蛋氨酸锌可以显著提高断奶犊牛血清中总免疫球蛋白含量。Mattioli 等（2018）给断奶前犊牛注射锌后，犊牛机体免疫应答显著提高。本试验结果与以上研究结果一致，表明低水平氧化锌对犊牛免疫功能有一定的促进作用，这或许是本试验中试验组犊牛腹泻率下降的原因之一。

3.4.3　氧化锌对新生犊牛直肠微生物含量的影响

大肠杆菌感染是诱发新生犊牛腹泻的主要原因，威胁着犊牛健康。乳酸菌是动物肠道内的有益菌，能够产生乳酸，维持肠道酸性环境，阻止病原菌的入侵与定植，保护肠道免受损伤（Khrstrm 等，2016）。氧化锌可以缓解腹泻，可能与其影响肠道内大肠杆菌、乳酸菌含量有关。邱磊等（2014）研究发现，高剂量氧化锌可以显著降低断奶仔猪粪便中大肠杆菌含量，对乳酸菌含量则无影响。Starke 等（2014）研究发现，高剂量氧化锌可以同时减少仔猪肠道内大肠杆菌和乳酸菌含量。而 Li 等（2001）的研究结果则显示断奶仔猪粪便中大肠杆菌、乳酸菌含量并未受到高剂量氧化锌的显著影响。另有研究显示，氧化锌会提高肠道内大肠杆菌含量，减少乳酸菌含量（Hojberg 等，2005）。本试验使用微生物纯培养和实时荧光定量 PCR（绝对定量法）2 种方法对犊牛直肠内大肠杆菌和乳酸菌含量进行了测定，结果显示，犊牛直肠内乳酸菌含量随着日粮中氧化锌添加量的增加而线性增加，大肠杆菌含量则有线性减少的趋势。犊牛直肠内容物中微生物含量的改变可能也是促使腹泻率有所下降的原因之一。Shao 等（2014）在肉鸡上已经研究发现，每日补饲 120 mg 锌可以显著降低有害菌群数量，增加有益菌数量，与本试验结果一致。而 Marianna 等（2003）通过体外试验则提出，氧化锌可能是通过抑制大肠杆菌对肠道细胞的黏附与内化而非减少数量来保护肠道细胞免受损害，从而缓解腹泻。因此，氧化锌降低腹泻率的具体机制仍需进一步探究。

3.5　小结

　　日粮添加不同水平氧化锌对新生犊牛平均日增重、采食量、料重比与腹泻率无显著影响，Zn-80 组犊牛平均日增重最高，腹泻率最低。随着日粮氧化锌添加水平的增加，血清中 IgA、IgG 和 IgM 含量线性升高。随着日粮氧化锌添加水平的增加，直肠中乳酸菌含量线性增加，直肠中大肠杆菌含量有线性下降趋势。在本试验条件下，综合考虑试验结果与锌添加水平受限的情况，犊牛日粮中每日添加 80 mg 锌效果较好。

4 不同锌源对新生犊牛生长性能及血液指标的影响

4.1 引言

犊牛是奶牛养殖企业的动物后备军，其生长和健康状况关系到成年后奶牛生产性能的发挥。因此，提高犊牛生长性能、减少疾病的发生对于提高奶牛养殖业经济效益具有重要意义。锌是动物机体必需的微量元素之一，广泛分布于细胞质和大部分细胞器中（Bonaventura 等，2015）。锌的主要作用是参与维持上皮细胞的正常形态以及生物膜的正常结构和功能，防止生物膜遭受氧化损害，对于膜中正常受体机能具有保护作用（Suttle 等，2010）。研究表明，锌可以改善动物的生长性能，提高免疫力（Shen 等，2014），有效缓解腹泻（Miller 等，2009）。锌作为全球范围内治疗和预防婴幼儿腹泻的最有效制剂，已挽救数以百万计的生命（Liberato 等，2015），世界卫生组织（WHO）已将其用于 70 多个国家的腹泻治疗（Prasad 等，2014）。以往研究表明，给断奶仔猪日粮中添加高剂量（2 250 mg/kg）氧化锌可促进仔猪生长，提高仔猪免疫力，有效缓解断奶后腹泻（Liberato 等，2015）。然而，考虑到动物排泄以及环境污染等问题，我国目前已经明令禁止使用高锌。现有养殖标准中，对于犊牛日粮中锌的适宜添加量尚不明确，NRC（2001）中提出了犊牛饲喂半合成日粮时锌的添加量低至 8 mg/kg 未表现锌缺乏症状，而对于饲喂天然日粮的犊牛补充 8~30 mg/kg 锌仍然表现锌缺乏症状。（Glover 等，2013）研究发现，给 1~8 日龄发生腹泻的新生犊牛每日每头饲喂 80 mg 锌（分别以蛋氨酸锌或氧化锌的形式添加）可以不同程度地缓解腹泻，说明 80 mg 锌对于新生犊牛腹泻具有一定的治疗效果，而日粮每日每头添加 80 mg 锌对新生犊牛腹泻发生是否有预防作用尚未见报道。因此，本试验旨在研究蛋氨酸锌和氧化锌对新生荷斯坦母犊牛生长性能、腹泻情况、血清激素和免疫指标的影响，为无机锌和有机锌在犊牛早期饲养中的科学应用提供科学依据。

4.2　材料与方法

4.2.1　试验材料

氧化锌，纯度为 96.64%，购自湖南省衡阳市中宝饲料科技有限公司；蛋氨酸锌，纯度为 98.20%，购自上海华亭化工有限公司。

4.2.2　试验动物与试验日粮

试验在北京市顺义区中地畜牧科技有限公司进行。选取 36 头出生健康、体重相近的新生荷斯坦母犊牛，出生后 2 h 内灌服初乳 4 L。第 2~3 天，用奶壶饲喂常乳，每天 2 次（8:00、14:00），每次 2 L。第 4~14 天，用奶桶饲喂常乳，每天 2 次（7:00、14:00），每次 4 L，第 4 天开始添加开食料，自由采食，每天记录采食量。犊牛采食的牛奶为北京市顺义区中地畜牧科技有限公司自产牛奶；开食料为北京首农畜牧科技发展有限公司饲料分公司生产的犊牛精料补充料 641p，组成原料为玉米、麸皮、膨化大豆、豆粕、棉籽粕、磷酸氢钙、维生素、矿物元素、石粉、氯化钠、小麦次粉等，形态为颗粒状，经检测其中锌含量为 172 mg/kg。牛奶及开食料的营养水平见表 4-1 及表 4-2。

表 4-1　牛奶的营养水平

项目	含量（%）
浓度（g/L）	1 032
乳蛋白	3.87
乳脂肪	4.32
总固形物	13.52
干物质	12.30
乳糖	4.88

注：营养水平均为实测值。

表 4-2　开食料的营养水平（风干基础）

项目	含量（%）
干物质	89.50
粗蛋白质	20.01
粗脂肪	2.75
粗灰分	6.73
中性洗涤纤维	18.01
酸性洗涤纤维	10.04

注：营养水平均为实测值。

4.2.3　试验设计与饲养管理

将试验犊牛按照体重相近原则随机分成 3 组，每组 12 头。自出生后 1 日龄开始，对照组无添加，试验组分别每日每头添加 457 mg 蛋氨酸锌和 104 mg 氧化锌（均相当于每日每头添加 80 mg 锌），蛋氨酸锌和氧化锌混合到牛奶中进行饲喂。试验进行至犊牛出生后 14 d 结束。试验犊牛采用犊牛岛单栏饲养，每头犊牛占地约 3 m²，保持圈舍卫生干净。饲喂过程中认真执行"四定"原则，即"定时、定量、定温、定人"。试验犊牛的防疫按照牛场规定的标准执行。

4.2.4　样品采集与指标测定

4.2.4.1　常乳及开食料

每周采集犊牛常乳和开食料样品，-20℃保存。采用乳成分分析仪（MilkoScan™ FT6000）测定牛奶干物质、乳蛋白、乳脂肪、乳糖、总固形物含量；采用电感耦合等离子发射光谱仪（ICP-OES）测定开食料中的锌含量（GB 5009.268—2016），同时测定开食料中干物质［AOAC（2005）；方法 930.15］、粗蛋白质［AOAC（2000），方法 976.05］、粗脂肪［AOAC（2003）；方法 4.5.05］、粗灰分（GB/T 6438—2007）含量，开食料中中性洗涤纤维和酸性洗涤纤维的含量参照 Van Soest 等（1991）描述的方法进行测定。

4.2.4.2　生长性能和腹泻率

称量犊牛初生体重和犊牛 15 日龄晨饲前空腹体重，并测量体尺（体高、体斜长和胸围）。其中，犊牛体重用精确度为 0.5 kg、量程为 200 kg 的电子秤称量，体高和体斜长用卷尺测量，胸围用皮卷尺测量。计算平均日增重（ADG），体高总增长、体斜长总增长和胸围总增长。记录犊牛每天常乳和开食料摄入量，计算犊牛平均日采食量（ADFI）。每天根据 Teixeira 等（2015）的方法进行粪便评分，犊牛粪便流动性和黏滞性均超过 3 分的记为腹泻。每头犊牛每腹泻 1 d 记为 1 个发病日数，试验过程中，记录犊牛腹泻天数和腹泻头数，计算腹泻率。

腹泻率（%）=［总腹泻头数×腹泻天数/（试验头数×试验天数）］×100

4.2.4.3　血清激素及免疫指标

犊牛 15 日龄晨饲前进行颈静脉采血，每头犊牛采集血液样品 10 mL，室温静置 30 min，$3\ 000\times g$、4℃ 离心 15 min 后制备血清，保存于-20℃冰箱备用。血清中免疫球蛋白 A（IgA）、免疫球蛋白 G（IgG）和免疫球蛋白 M（IgM）含量采用酶联免疫吸附测定（ELISA）法，试剂盒购于美国 Bethyl 公司，并严格按照操作说明进行测定。血清中生长抑素（SS）、类胰岛素生长因子 - 1（IGF - 1）、饥饿素（GHRL）、胰岛素（INS）、胃泌素（GAS）和胆囊收缩素（CCK）含量采用放射免疫法测定，试剂盒购于南京建成生物工程研究所。

4.2.5　数据分析

采用 Excel 2007 软件对试验数据进行初步处理，腹泻率采用卡方检验进行分析，其他数据采用 SAS 9.4 软件进行单因素方差分析（one-way ANOVA），采用 Duncan 氏法进行多重比较。$P<0.05$ 表示差异显著，$0.05\leqslant P<0.10$ 表示有差异显著趋势。

4.3　结果

4.3.1　不同锌源对新生犊牛生长性能及腹泻率的影响

由表4-3可知，与对照组相比，蛋氨酸锌组新生犊牛总增重和 ADG 显著增加（$P<0.05$）；在整个试验期间，氧化锌组的新生犊牛总增重和 ADG 介于对照组和蛋氨酸锌组之间，但与对照组和蛋氨酸锌组相比差异不显著（$P>0.05$）。不同锌源对新生犊牛 ADFI 及体尺指标影响不显著（$P>0.05$）。同时，不同锌源对新生犊牛腹泻发生有一定缓解作用，蛋氨酸锌组新生犊牛腹泻率显著低于对照组（$P<0.05$），而氧化锌组新生犊牛腹泻率与其他 2 组相比差异均不显著（$P>0.05$）。

表 4-3 不同锌源对新生犊牛生长性能和腹泻率的影响

项目	处理			标准误	P 值
	对照组	氧化锌组	蛋氨酸锌组		
初生重（kg）	39.53	39.84	39.98	1.20	0.96
末重（kg）	46.80	48.02	49.03	1.21	0.43
总增重（kg）	7.27^b	8.18^{ab}	9.05^a	0.45	0.03
平均日增重（g/d）	519.16^b	584.4^{ab}	646.75^a	32.30	0.03
开食料平均日采食量（g/d DM）	24.11	24.12	21.18	7.98	0.96
平均日采食量（g/d DM）	937.81	937.82	934.88	7.98	0.96
体高总增长（cm）	3.45	3.92	5.33	0.82	0.26
体斜长总增长（cm）	2.55	3.15	5.17	1.05	0.20
胸围总增长（cm）	10.72	10.00	8.33	1.46	0.50
腹泻率（%）	26.49^b	22.92^{ab}	18.45^a		<0.05

注：同行数据肩标不同小写字母表示差异显著（$P<0.05$），相同或无字母表示差异不显著（$P>0.05$）。下表同。

4.3.2 不同锌源对新生犊牛血清激素指标的影响

由表 4-4 可知，与对照组相比，氧化锌组和蛋氨酸锌组新生犊牛血清中 INS 的含量显著降低（$P<0.05$）。不同锌源对新生犊牛血清中 SS、GH-RL、GAS 和 CCK 含量均没有显著影响（$P>0.05$）。与氧化锌组相比，蛋氨酸锌组新生犊牛血清中 IGF-1 含量有提高的趋势（$P=0.05$）。

表 4-4 不同锌源对新生犊牛血清激素指标的影响

项目	处理			标准误	P 值
	对照组	蛋氨酸锌组	氧化锌组		
SS（ng/L）	131.21	148.87	93.21	20.44	0.16
IGF-1（ng/L）	109.97	142.63	106.39	12.09	0.05
GHRL（ng/L）	90.29	147.93	74.65	48.59	0.54
INS（IU/L）	61.11^a	50.32^b	36.77^c	2.22	<0.01
GAS（ng/L）	312.25	329.47	359.19	46.29	0.77
CCK（ng/L）	136.22	109.53	108.29	11.16	0.15

4.3.3 不同锌源对新生犊牛血清免疫指标的影响

由表 4-5 可知，不同锌源对新生犊牛血清中 IgA 含量无显著影响

（$P>0.05$）。与对照组相比，氧化锌组新生犊牛血清中 IgG 和 IgM 含量显著提高（$P<0.05$），蛋氨酸锌组新生犊牛血清中 IgG 和 IgM 含量无显著变化（$P>0.05$）。

表 4-5　不同锌源对新生犊牛血清免疫指标的影响

项目	处理			标准误	P 值
	对照组	氧化锌组	蛋氨酸锌组		
IgA（μg/mL）	33.20	35.59	28.80	6.15	0.73
IgG（mg/mL）	9.45[b]	12.81[a]	10.10[ab]	0.95	0.04
IgM（mg/mL）	2.17[b]	4.79[a]	2.00[b]	0.43	0.01

4.4　讨论

4.4.1　不同锌源对新生犊牛生长性能的影响

提高犊牛生长性能是犊牛饲养管理过程中的首要任务。犊牛采食量、日增重和体尺增长是评价生长性能的重要指标。Glover 等（2013）通过给新生犊牛每日添加 80 mg 蛋氨酸锌（以锌计，下同）发现，腹泻期间每日添加 80 mg 蛋氨酸锌组的犊牛 ADG 较添加安慰剂组高 40 g/d。周怿等（2011）研究表明，犊牛日粮中添加 60 mg/kg 杆菌肽锌可以使 ADG 提高 30.81%。蔡秋等（2012）研究表明，犊牛日粮中每日每头添加 200 mg 锌可以使 ADG 提高 12.50%。为了减少环境污染，同时考虑到缓解犊牛腹泻，参考已有研究，我们选择每日每头牛添加 80 mg 锌。本试验选用的初生犊牛初始体重没有显著差异。本研究表明，日粮中每日每头添加 80 mg 氧化锌和蛋氨酸锌对犊牛的 ADFI 没有显著影响，但是每日每头添加 80 mg 蛋氨酸锌可以显著提高犊牛 ADG。前人研究结果表明，蛋氨酸锌能够促进仔猪（彭秋媛等，2016）、蛋鸡（孙玲，2017）和肉兔（白彦，2010）等动物的生长，与本研究结论一致。蛋氨酸锌具有良好的促生长作用，可能由于其是接近于动物体内天然形态的微量元素补充剂，具有良好的化学稳定性和生化稳定性，生物利用率高，抗干扰性强，毒性小（刘翠艳，2014）。各组犊牛体尺指标没有显著差异，但值得注意的是，添加蛋氨酸锌和氧化锌可以在一定程度上提高犊牛体高总增长和体斜长总增长，但犊牛胸围总增长则略有下降，说明其对犊牛长高有一定促进作用。

4.4.2 不同锌源对新生犊牛腹泻率的影响

腹泻是新生犊牛的多发疾病，其不仅代表着犊牛当前的健康状况，也影响着日后成年牛的生产和繁殖性能，同时对牧场的经济效益产生重要影响。因此，如何预防犊牛腹泻成为犊牛生产管理中的一项重要议题。Glover 等（2013）通过给腹泻新生犊牛每日每头添加 80 mg 氧化锌发现，氧化锌对犊牛腹泻的治愈率是普通安慰剂的 1.4 倍。从本研究可以看出，犊牛日粮中添加蛋氨酸锌显著降低了犊牛腹泻率，氧化锌也有降低腹泻率的趋势。师周戈等（2014）研究发现，在犊牛 3 日龄时每天给犊牛注射 60 mg 锌，犊牛腹泻率显著降低。雷东风（2010）在研究不同形式和水平的锌对仔猪影响时发现，蛋氨酸锌和氧化锌对仔猪具有促生长和缓解腹泻作用。本研究表明，氧化锌和蛋氨酸锌对瘤胃尚未发育完全的反刍动物也有相似效果。陈娜娜等（2017）研究表明，蛋氨酸锌具有改善蛋鸡肠道形态、优化盲肠微生物区系的功能。Hu 等（2012）研究发现，氧化锌可影响仔猪肠道屏障，促进肠道功能的正常发挥。据此，我们推断锌可能是通过改善犊牛肠道微生物区系和促进肠黏膜发育来缓解腹泻。本试验中，氧化锌可以预防犊牛腹泻，但与对照组相比无显著差异，可能是其添加剂量偏低所致。

4.4.3 不同锌源对新生犊牛血清激素指标的影响

激素是调节机体生长发育和代谢的重要物质，本试验研究的激素均与犊牛生长发育相关。INS 具有调节蛋白质、糖、脂肪三大营养物质的代谢和贮存的功能。当血液中游离的锌足够多时，胰岛 β 细胞内锌充足，INS 分泌会减少（王竹，1999）。同时，锌会增强 INS 降解酶的活性，使血清 INS 含量降低（王竹，1999）。刘信艳等（2013）研究表明，一定剂量的锌可以降低大鼠血清中 INS 含量。本研究中，日粮添加蛋氨酸锌或氧化锌显著降低了犊牛血清 INS 含量，可能是由于添加锌源引起。胰岛素样生长因子（IGFs）主要由肝脏产生，是存在于血浆内的一类既有促生长作用，又有 INS 样作用的多肽（范炜等，2013）。Oneill 等（2015）研究表明，IGF-1 具有促进机体及组织水平的分解代谢，刺激细胞分裂、骨骼生长及蛋白质、脂肪和糖原合成，促进细胞对氨基酸和葡萄糖的摄取，进而促进动物生长发育的作用。本研究发现，新生犊牛日粮添加蛋氨酸锌较氧化锌相比具有增加血清 IGF-1 含量的趋势，而蛋氨酸锌组犊牛的 ADG 高于对照组，这可能是由于蛋氨酸锌促进了 IGF-1 的合成和分泌，从而提高了犊牛的生长性能。Li 等（2006）研究表明，氧化锌增加了仔猪小肠 IGF-1 的含量，但对血清中 IGF-1 含量没有显著影响，这与本研究的结果一致。日粮中添加氧化锌或者蛋氨酸锌对犊牛血清中其他激素含量没有显著的影响。

4.4.4 不同锌源对新生犊牛血清免疫指标的影响

免疫球蛋白是反映机体免疫功能的重要指标，其主要包括 IgG、IgM、IgA 这 3 种蛋白。IgG 在血清中含量最多，是体液免疫的主要抗体。而 IgM 是免疫和感染中最先出现的抗体，IgA 是外分泌体液中的主要抗体，都是机体免疫中不可缺少的（Franz 等，1982）。血清中免疫球蛋白含量多少与犊牛的免疫力密切相关。吕广宙等（1995）研究表明，日粮添加低剂量锌（硫酸锌）不仅可以提高犊牛 ADG，还可以提高犊牛免疫机能。Nagalakshmi 等（2017）研究也表明，犊牛日粮添加低剂量有机锌可以提高犊牛生长性能和免疫应答。本研究表明，日粮中添加氧化锌显著提高了血清中 IgG 和 IgM 含量，日粮中添加蛋氨酸锌有提高血清 IgG 和 IgM 含量的趋势，但氧化锌和蛋氨酸锌均未影响犊牛血清中 IgA 含量。另有研究表明，日粮中添加锌可以提高仔猪、蛋鸡免疫功能（彭秋媛等，2016；许甲平等，2012；Lu 等，2012），与本研究结果一致。动物机体免疫力的提高有利于抵抗应激，这可能是锌源日粮添加组犊牛腹泻率降低的原因之一。

4.5 小结

给新生犊牛补充蛋氨酸锌可以有效促进犊牛生长，降低腹泻率。给新生犊牛补充氧化锌和蛋氨酸锌均可显著降低犊牛血清中 INS 含量。给新生犊牛补充氧化锌可以提高犊牛机体免疫功能。

5 不同锌源对新生犊牛免疫功能及直肠微生物结构的影响

5.1 引言

新生犊牛腹泻在全世界范围的奶牛养殖中频繁发生，对奶牛养殖业造成了巨大的生产和经济损失（Pourliotis 等，2012；Elseedy 等，2016；Wagner，2017）。而且，即使腹泻犊牛治愈后，后续也易出现生长迟缓，影响其成年后的生产性能（Heinrichs 和 Heinrichs，2011；Morrison，2011）。饲喂饲料添加剂是降低犊牛腹泻发生和改善犊牛健康的常用方法。因此在奶牛养殖业中，特别是欧盟禁止抗生素和生长促进剂的使用之后，选择可有效应用的抗腹泻制剂至关重要（Wang 等，2018a）。

锌参与了机体内的许多生物过程，是一种有效的抗炎和止泻剂（Oteiza 和 Mackenzie，2005；Hu 等，2013；Bonaventura 等，2015）。口服锌不仅用于预防和治疗婴幼儿腹泻，而且在动物生产中也有应用（Glover 等，2013；Liberato 等，2015；Feldmann 等，2019），锌可提高机体免疫功能，减少体内致病菌的数量，增加对机体有益的肠道微生物的相对丰度。（Fairbrother 等，2005；Sales，2013）。当前，实际生产中应用的锌主要有 2 种：无机锌，如氧化锌（ZnO）；有机锌，如蛋氨酸锌（Zn-Met）。氧化锌尤其是高剂量使用时，可以促进动物生长和免疫功能，降低腹泻率（Fairbrother 等，2005；Pettigrew，2006；Mattioli 等，2018）。且有研究表明，添加适宜剂量氧化锌可以增加断奶仔猪肠道中大肠杆菌的相对丰度（Bednorz 等，2013），但降低了乳酸杆菌的相对丰度（Hojberg 等，2005）。然而，有机锌一般具有更高的生物利用率，且可更好地被反刍动物吸收利用，尤其是与氨基酸结合的锌（Nayeri 等，2014；Ishaq 等，2019）。蛋氨酸锌可提高羔羊的生长性能（Garg 等，2008；Pal 等，2010）。Pal 等（2010）阐明了添加蛋氨酸锌可促进母羊的消化道发育，提高肠道吸收和减少粪便损失，这意味着锌可被更好地利用。因此，我们假设日粮中添加锌可通过改善犊牛肠道微生物菌群组成从而降低犊牛腹泻率，并促进其生长。

鉴于锌对环境的影响，农业部于2017年禁止动物饲料添加高浓度锌。最新标准规定了犊牛日粮中锌含量应低于180 mg/kg，但新生犊牛对锌的最佳需要量目前尚不明确。最新研究表明，添加较低水平的有机锌对犊牛生产性能、抗氧化状态和免疫功能具有积极影响（Glover等，2013；Feldmann等，2019；Sun等，2019）。然而，关于锌对新生犊牛腹泻发生率或肠道微生物的影响鲜有研究。因此本试验中，在犊牛日粮中添加相同含量低浓度不同来源的锌，分别以氧化锌和蛋氨酸锌的形式添加，比较不同锌源对犊牛生长性能、腹泻率、血清免疫球蛋白浓度和直肠微生物菌群结构与多样性的影响。预期结果将为减少抗菌药物的使用以及锌在犊牛生产中的合理应用提供理论依据。

5.2　材料与方法

5.2.1　试验材料

氧化锌，分析级（Sigma-Aldrich Taufkichen，Germany）；蛋氨酸锌，饲料级（上海黛远精化有限公司）。

5.2.2　试验动物与试验日粮

试验选取30头出生体重一致（40.2 kg±1.6 kg）的荷斯坦母犊牛，随机分为3组，每组10头。犊牛在出生后立即转入犊牛岛（1.8 m×1.4 m×1.2 m）单独饲养，犊牛岛均以稻草为垫料并以铁栅栏相互隔离，避免交叉污染。犊牛在出生后1 h用奶瓶灌喂4 L初乳。在第2天和第3天，每天2次（8:30和16:00）以奶瓶饲喂2 L常乳，第4~14天，每天饲喂8 L常乳。开食料由北京三元种业科技有限公司提供，从犊牛4日龄时开始饲喂。开食料的组成及营养水平见表5-1。

表5-1　开食料组成及营养水平（干物质基础）

	项目	含量
原料	玉米（%）	37.8
	羊草（%）	20.2
	豆饼（%）	18.2

（续表）

项目		含量
原料	小麦麸（%）	2.8
	次粉（%）	7.8
	糖蜜（%）	1.6
	牡蛎壳粉（%）	1.6
	食盐（%）	0.8
	膨润土（%）	0.8
	磷酸钙（%）	21.2
	膨化大豆（%）	6.4
	预混料[1]（%）	0.8
营养水平[2]	干物质（g/kg）	895
	粗蛋白质（g/kg）	200
	粗脂肪（g/kg）	28
	酸性洗涤纤维（g/kg）	100
	中性洗涤纤维（g/kg）	180
	粗灰分（g/kg）	67
	锌（mg/kg）	172

注：[1] 每千克饲料提供的预混料包括维生素 A 1 000 000 IU，维生素 D 270 000 IU，维生素 E 2 900 IU，铜 5 000 mg，铁 9 000 mg，锰 6 000 mg，硒 67 mg，碘 227 mg，钴 20 mg，镁 9 800 mg。
[2] 营养水平为实测值。

5.2.3　试验设计与饲养管理

试验开始前，测定水、牛奶和开食料中锌的含量。饮水中未检测到蛋白锌，牛奶和开食料中锌含量分别为 4.12 mg/kg 和 172 mg/kg。开食料中提供的锌形式为硫酸锌。对照组犊牛饲喂的开食料不添加氧化锌或蛋氨酸锌。处理组每头犊牛每天分别饲喂 104 mg 的氧化锌（分析级，锌含量为 80 mg）或 457 mg 蛋氨酸锌（饲料级，锌含量为 80 mg）。锌的补充水平是根据前人研究确定的（Glover 等，2013；Feldmann 等，2019；Wei 等，2019）。将适量的氧化锌或蛋氨酸锌与 200 mL 牛奶混合，经口灌喂，然后继续饲喂牛奶。试验期 14 d，试验期间犊牛自由饮水和自由采食开食料。

5.2.4　样品采集与指标测定

使用 10 mL 凝胶真空管采集犊牛 15 日龄晨间颈静脉血液样品，高速冷冻离心机（Eppendorf 5810R，Eppendorf AG，Hamburg，Germany）3 000×g，4℃离心 15 min。收集上清液于−80℃保存，用于后续血清总 IgA、IgG 和

IgM 检测。在试验第 1 天、3 天、7 天和 14 天早晨采集直肠粪便样本，用于后续的微生物区系分析。采样前使用紫外线对离心管（Corning，NY）杀菌消毒。收集新鲜粪便置于 2 mL 冻存管中，每管约 2 g。采集的粪便样本立即置于液氮中速冻，后于 -80℃ 保存待用。

在试验第 1 天、14 天称重并计算平均日增重，并记录整个试验期间牛奶和开食料的干物质采食量。测定开食料干物质含量、粗蛋白质、粗脂肪、酸性洗涤纤维和中性洗涤纤维含量。试验期，每天早、晚观察犊牛粪便形态并进行评分（Teixeira 等，2015），评分标准如下：0 分，硬粪；1 分，糊状粪便；2 分，成形粪便与液体状粪便混合；3 分，液体状粪便，颜色正常；4 分，水样粪便，颜色不正常。犊牛连续 2 d 粪便评分为 3 或 4 分即认定为发生腹泻。根据记录的犊牛腹泻头数与腹泻持续时间，计算腹泻率。计算公式如下。

腹泻率（%）=［总腹泻头数×腹泻天数／（试验头数×试验天数）］×100

血清中总 IgA、IgG 和 IgM 抗体浓度使用牛的 ELISA 试剂盒（Montgomery，TX）测定，严格按照说明书操作。

5.2.4.1 总 DNA 提取

直肠微生物总 DNA 用十六烷基三甲基溴化铵（Cetyl trimethyl ammonium bromide，CTAB）提取，采用打珠法提取粪便微生物总 DNA（Sun 等，2016）。具体操作为将 0.2 g 的直肠内容物用生理盐水稀释后 500×g，4℃ 离心 10 min。取上清再 13 000×g，4℃ 离心 20 min，再加入 800 μL 的 CTAB 溶解液包含 2% CTAB、100 mM Tris-HCl（pH 8.0）、1.4 M NaCl、20 mM ED-TA 加入微生物沉淀物。溶解于 Mini BeadBeater-1（Biospec Products Inc.，Bartlesville，OK），微生物沉淀 70℃ 孵化 20 min 后 13 000×g，25℃ 离心 10 min。取上清后加入 DNase-free RNase，孵化 20 min 后用混合苯酚：氯仿：异戊醇（25:24:1）溶液萃取，于 13 000×g 4℃ 离心 10 min。用缓冲苯酚对样品进行再萃取，再将 DNA 用乙醇沉淀，溶解于 Tris-EDTA 缓冲液中（1 M Tris-HCl，0.5 M EDTA，pH 8.0）。再分别使用琼脂糖凝胶电泳判断分子大小，利用紫外分光光度计（Thermo Fisher Scientific，Waltham，MA）进行定量检测。

5.2.4.2 16S rRNA 基因测序

对微生物 16S rRNA 基因的 V3~V4 可变区测序，设计引物如下：338F 5′-ACTCCTACGGGAGGCAGCA-3′、806R 5′-GGACTACHVGGGTWTCTAAT-3′。PCR 条件如下：95℃ 解链 3 min，95℃ 解链 30 s，循环 29 次，55℃ 退火

30 s，72℃延伸45 s，72℃充分延伸10 min。PCR反应体系组成如下：4 μL 5×Prime STAR缓冲液、2 μL 2.5 mM dNTP、0.8 μL各引物（5 μM），0.4 μL Prime STAR热应激DNA聚合酶（Takara，Dalian，China），20 ng DNA模板，总计20 μL。每个样品3次重复。扩增产物在2%琼脂糖凝胶上分离，用DNA纯化试剂盒纯化（Axygen，Biosciences，Union City，CA）。将每个样本的PCR产物等量混合，使用Illumina TruSeq DNA样品制备试剂盒构建测序文库。最后，在Majorbio的Illumina Miseq上使用配对端方法对V3~V4扩增子进行测序（Shanghai，China）。序列提交到GenBank，登录号SRP199353。

5.2.4.3 序列分析

使用QIIME（v1.9.0）分析16S rRNA基因序列（Caporaso等，2010）。原始序列的reads与编码精确匹配，然后分别分配到各自的样本中，并被识别为有效序列。再使用以下标准过滤低质量序列：长度<150 bp，质量分数<Q20，模糊碱基和单核苷酸重复序列>8 bp。使用FLASH拼接双端序列（Magoć和Salzberg，2011）。使用UCHIME进行嵌合体检测，过滤后所得的高质量序列，以97%的序列识别率分别聚类为分类操作单位（Operational taxonomic units，OTUs）（Edgar等，2011）。然后与Greengenes数据库比对，进行物种分类学注释。Observed species指数、Chao1指数、Shannon指数和Simpson指数用于评价菌群α多样性。β多样性采用加权的Unifrac距离矩阵分析，并使用主坐标分析法进行可视化。

5.2.5 数据分析

Durbin-Watson检验用于检验初始体重数据的随机性，结果表明随机有效。采用卡方检验比较不同锌源对腹泻率的影响。采用SAS 9.4的MIXED程序（SAS Institute Inc.，Cary，NC）分析生长性能、锌摄入量和血清免疫球蛋白浓度数据。采用SAS 9.4的GLIMMIX程序对直肠微生物数据进行分析。数据以最小二乘均数和均数的标准误差表示。使用Tukey法进行多重比较。$P \leq 0.05$表示差异显著，$0.05 < P < 0.10$表示有差异显著趋势。采用皮尔森相关分析法分析第14天主要粪便微生物数量与生长性能和血清免疫球蛋白浓度的关系。

5.3 结果

5.3.1 生长性能、锌摄入量及腹泻率

如表 5-2 所示，3 组犊牛初生重无显著差异。与对照组相比，饲喂蛋氨酸锌组犊牛显著提高 ADG（$P<0.05$，表 5-2）。牛奶与开食料干物质采食量无显著差异，3 个组开食料中锌摄入量无显著差异。然而氧化锌组和蛋氨酸锌组犊牛总的锌摄入量均显著高于对照组（$P<0.05$）。相较于对照组，蛋氨酸锌组犊牛腹泻率显著降低（15.71% VS 27.86%，$P=0.05$）。此外，添加氧化锌可在出生后 3 d 显著降低犊牛腹泻（$P<0.01$），且 1~7 日龄有下降趋势（$P=0.08$）。氧化锌组血清总 IgG 浓度显著高于对照组（13.27 mg/mL VS 9.42 mg/mL，$P<0.05$），氧化锌组血清 IgM 浓度也高于对照组（5.08 mg/mL VS 2.22 mg/mL，$P<0.05$）。而蛋氨酸锌组与对照组的 IgG 或 IgM 浓度无明显差异（表 5-2）。日粮锌源对初生犊牛血清总 IgA 浓度无显著影响（$P>0.05$）。

表 5-2　不同锌源对犊牛生长性能、锌摄入量、腹泻及血清免疫蛋白影响

项目	处理			标准误	P 值
	对照组	蛋氨酸锌组	氧化锌组		
初生重（kg）	40.23	40.23	40.22	2.88	1.00
ADG（g/d）	538[b]	659[a]	597[ab]	31.28	0.04
开食料采食量（g DM/d）	26.80	26.13	17.48	6.27	0.51
总采食量（g DM/d）	940	939	931	6.27	0.51
开食料锌摄入量（mg/d）	4.61	4.49	3.01	1.08	0.51
锌总摄入量（mg/d）	4.61[b]	84.49[a]	83.01[a]	1.08	<0.01
料重比（干物质计）	1.82	1.47	1.58	0.10	0.06
腹泻率 1~3 d（%）	20.00[a]	13.33[a]	0.00[b]	—	<0.01
腹泻率 4~7 d（%）	22.50	10	15	—	0.32
腹泻率 1~7 d（%）	21.43	11.43	8.57	—	0.08
腹泻率 8~14 d（%）	34.29	20.00	34.29	—	0.11
腹泻率 1~14 d（%）	27.86[a]	15.71[b]	21.43[ab]	—	0.05
IgA（μg/mL）	34.03	30.55	36.11	6.62	0.84
IgG（mg/mL）	9.42[b]	10.09[ab]	13.27[a]	1.00	0.02
IgM（mg/mL）	2.22[b]	1.93[b]	5.08[a]	0.73	0.01

注：同行数据肩标不同小写字母表示差异显著（$P \leqslant 0.05$），相同或无字母表示差异不显著（$P>0.05$）。下表同。

5.3.2 直肠微生物多样性

直肠微生物共获得 4 543 412 条高质量序列，每个样品平均包含 37 862 条（30 121~44 988）。α 多样性指数说明相较于对照组和蛋氨酸锌组 1 日龄 ZnO 组犊牛有更高的可观测物种和 Chao1 指数（$P \le 0.05$，表5-3）。此外，日龄对 α 多样性有显著影响，而不同处理效应或不同处理与日龄的交互效应对 α 多样性无显著影响。β 多样性结果显示 3 组犊牛的直肠微生物在 1 日龄和 14 日龄非常相似（图 5-1）。3 日龄与 7 日龄的 ZnO 组 β 多样性与对照组相似，而蛋氨酸锌组与对照组相比主成分有显著的变化（图 5-1）。

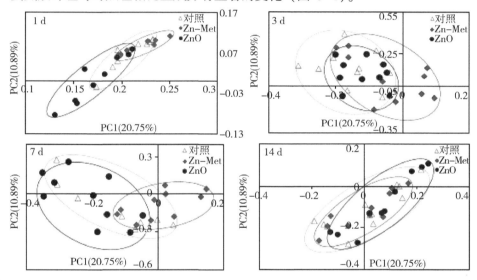

图 5-1 不同锌源对直肠微生物菌群影响的主成分分析

表 5-3 不同锌源日粮对不同日龄犊牛直肠微生物种类、丰富度和多样性的影响

项目	处理			标准误	P 值				
	对照组	蛋氨酸锌组	氧化锌组		处理	日龄	处理×日龄	对照×氧化锌	对照×蛋氨酸锌
可观测物种									
1 日龄	71.80[b]	79.40[b]	135.80[a]	55.78				0.05	0.82
3 日龄	123.10	118.30	138.80	13.72				0.63	0.88
7 日龄	188.10	149.40	153.90	13.43	0.70	<0.01	0.37	0.30	0.24
14 日龄	130.10	144.40	120.90	29.14				0.78	0.66

（续表）

项目	处理			标准误	P 值				
	对照组	蛋氨酸锌组	氧化锌组		处理	日龄	处理×日龄	对照×氧化锌	对照×蛋氨酸锌
Chao1 指数									
1 日龄	71.10[b]	79.90[b]	141.80[a]	55.17				0.03	0.79
3 日龄	143.10	156.10	187.70	11.37				0.17	0.33
7 日龄	124.30	123.30	127.50	16 464	0.89	<0.01	0.28	0.92	0.98
14 日龄	131.10	143.50	120.50	29.21				0.74	0.70
Shannon 指数									
1 日龄	2.10	2.08	2.65	0.44				0.13	0.95
3 日龄	3.03	2.81	3.29	0.21				0.46	0.54
7 日龄	3.56	3.27	3.33	0.22	0.79	<0.01	0.20	0.51	0.42
14 日龄	3.03	3.21	2.63	0.46				0.26	0.61
Simpson 指数									
1 日龄	0.62	0.61	0.69	0.08				0.24	0.87
3 日龄	0.80	0.75	0.82	0.03				0.78	0.33
7 日龄	0.82	0.80	0.82	0.03	0.83	<0.01	0.29	0.93	0.75
14 日龄	0.76[a]	0.75[a]	0.66[b]	0.08				0.09	0.80

5.3.3 细菌类群的相对丰度

采用 Taxon-dependent 分析方法，比较不同日粮中添加氧化锌和蛋氨酸锌对犊牛直肠微生物组成的影响。Firmicutes 和 Proteobacteria 为优势菌门，其次为 Bacteroidetes、Fusobacteria、Actinobacteria 和 Verrucomicrobia（图 5-2A，B）。随犊牛日龄增长，所有物种在门水平的相对丰度显著改变（$P<0.01$，表 5-4）。结果表明，1 日龄时与对照组相比，饲喂氧化锌的犊牛厚壁菌门相对丰度有增加的趋势（$P<0.10$）。而在 1 日龄变形菌门的相对丰度氧化锌组犊牛低于对照组和蛋氨酸锌组（$P=0.05$）。在 7 日龄时，拟杆菌门相对丰度 ZnO 组犊牛显著高于另外两组（$P<0.05$）。出生后一周，放线菌门相对丰度在蛋氨酸锌组犊牛中显著高于对照组（$P<0.05$）。

表 5-4 不同日龄及锌源的荷斯坦奶牛直肠主要微生物菌门的分类分析
（根据锌源和时间点进行分类）

菌门	处理			标准误	P 值				
	对照组（%）	蛋氨酸锌组（%）	氧化锌组（%）		处理	日龄	处理×日龄	对照×氧化锌	对照×蛋氨酸锌
Firmicutes									
1 日龄	26.34	24.37	42.15	8.00				0.09	0.84
3 日龄	38.09	38.83	42.63	8.96				0.64	0.94
7 日龄	51.37	52.04	56.82	10.18	0.26	<0.01	0.90	0.57	0.94
14 日龄	57.38	55.66	56.86	10.99				0.96	0.86
Proteobacteria									
1 日龄	73.31ᵃ	75.39ᵃ	54.33ᵇ	7.64				0.05	0.82
3 日龄	26.23	27.62	31.41	7.74				0.58	0.88
7 日龄	16.07	25.93	10.66	7.37	0.46	<0.01	0.20	0.56	0.29
14 日龄	27.69	28.38	35.93	13.24				0.37	0.94
Bacteroidetes									
1 日龄	0.18	0.10	2.25	1.80				0.73	0.99
3 日龄	25.37	22.36	21.12	7.13				0.83	0.61
7 日龄	9.59ᵇ	20.89ᵃᵇ	25.88ᵃ	7.28	0.26	<0.01	0.21	0.01	0.40
14 日龄	13.65	9.89	4.28	5.48				0.11	0.52
Fusobacteria									
1 日龄	0.05	0.00	0.09	0.06				0.99	0.99
3 日龄	10.02	10.58	4.64	5.01				0.08	0.86
7 日龄	0.42	1.83	1.40	1.51	0.28	<0.01	0.69	0.75	0.65
14 日龄	0.74	3.93	0.04	3.23				0.82	0.30
Verrucomicrobia									
1 日龄	0.00	0.00	0.03	0.02				0.99	1.00
3 日龄	0.00	0.00	0.00	0.00				1.00	1.00
7 日龄	7.57	5.03	4.06	5.35	0.81	<0.01	0.96	0.19	0.35
14 日龄	0.02	0.25	0.03	0.21				1.00	0.93
Actinobacteria									
1 日龄	0.10	0.07	0.95	0.75				0.58	0.98
3 日龄	0.07	0.39	0.09	0.28				0.99	0.83
7 日龄	1.11ᵇ	5.20ᵃ	3.65ᵃᵇ	2.47	0.51	<0.01	0.20	0.31	0.01
14 日龄	0.41	1.73	2.82	1.58				0.12	0.39

注：同行数据肩标不同小写字母表示差异显著（$P<0.05$），相同或无字母表示差异不显著（$P>0.05$）。

Escherichia 和 *Bacteroides* 为优势菌属，其次分别为 *Peptostreptococcus*、*Butyricicoccus*、*Fecalibacterium*、*Dorea*、*Lactobacillus*、*Fusobacterium*、*Klebsiella*、*Blautia*、*Akkermansia* 及 *Clostridium*（图 5-2C，D）。3 日龄氧化锌组犊牛

Butyricicoccus 和 *Dorea* 相对丰度有高于对照组趋势（$P<0.10$，表5-5）。7日龄氧化锌组犊牛 *Lactobacillus* 相对丰度高于对照组（$P<0.05$）。在14日龄时，蛋氨酸锌组犊牛 *Ruminococcus* 相对丰度比对照组高8倍（$P<0.05$）。7日龄时氧化锌组和蛋氨酸锌组犊牛 *Fecalibacterium* 相对丰度显著高于对照组（$P<0.05$）。在1日龄和7日龄时，蛋氨酸锌组 *Klebsiella* 和 *Collinsella* 相对丰度高于对照组（$P<0.05$）。除瘤胃球菌外，其他菌属均随时间显著变化（$P<0.05$）。

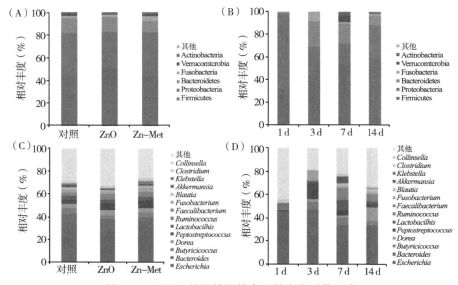

图5-2　不同日龄及锌源的直肠微生物群落组成

（A）和（C）显示了3组微生物（对照组、氧化锌组和蛋氨酸锌组）的菌门和菌属组成。（B）和（D）显示研究期间4个日龄（1 d、3 d、7 d和14 d）的微生物组成。

表5-5　不同日龄及锌源的荷斯坦奶牛直肠主要微生物菌属的分类分析

菌属	处理			标准误	P 值				
	对照组（%）	蛋氨酸锌组（%）	氧化锌组（%）		处理	日龄	处理×日龄	对照×氧化锌	对照×蛋氨酸锌
Escherichia									
1 日龄	48.44	51.96	35.68	12.96				0.23	0.74
3 日龄	23.72	26.21	30.27	7.80				0.54	0.81
7 日龄	15.75	24.97	10.23	7.22	0.71	<0.01	0.48	0.61	0.39
14 日龄	26.33	28.10	34.90	13.15				0.42	0.87

（续表）

菌属	处理			标准误	P值				
	对照组（%）	蛋氨酸锌组（%）	氧化锌组（%）		处理	日龄	处理×日龄	对照×氧化锌	对照×蛋氨酸锌
Bacteroides									
1 日龄	0.05	0.00	0.02	0.04				1.00	0.99
3 日龄	25.32	22.13	20.84	7.19				0.39	0.54
7 日龄	19.16	16.37	22.76	7.14	0.21	<0.01	0.17	0.49	0.83
14 日龄	5.95	3.21	0.96	2.28				0.34	0.60
Butyricicoccus									
1 日龄	0.02	0.00	0.03	0.02				1.00	1.00
3 日龄	3.34	4.92	9.02	2.87				0.08	0.20
7 日龄	6.87	8.65	6.91	5.49	0.49	<0.01	0.81	0.99	0.58
14 日龄	4.04	5.10	2.58	1.55				0.65	0.74
Dorea									
1 日龄	0.04	0.00	0.04	0.04				1.00	0.99
3 日龄	0.31	0.25	5.74	3.10				0.09	0.99
7 日龄	1.82	2.44	1.59	1.15	0.89	<0.01	0.60	0.94	0.85
14 日龄	10.51	10.51	8.68	5.48				0.57	1.00
Peptostreptococcus									
1 日龄	0.10	0.10	1.19	0.95				1.00	0.79
3 日龄	12.23	14.09	13.42	5.84				0.77	0.65
7 日龄	1.81	5.24	6.00	4.29	0.47	<0.01	0.97	0.30	0.40
14 日龄	1.28	0.05	4.28	3.57				0.46	0.76
Lactobacillus									
1 日龄	0.01	0.00	0.07	0.04				0.98	1.00
3 日龄	1.08	0.51	0.85	0.89				0.93	0.83
7 日龄	4.86[b]	5.40[b]	11.89[a]	4.74	0.31	<0.01	0.37	0.02	0.84
14 日龄	2.22	2.81	1.17	2.26				0.69	0.83
Ruminococcus									
1 日龄	0.00	0.00	0.00	0.00				1.00	1.00
3 日龄	0.09	0.16	0.01	0.14				0.91	0.92
7 日龄	0.15	0.22	0.06	0.15	0.43	0.09	0.80	0.89	0.92
14 日龄	0.21[b]	1.66[a]	0.81[ab]	1.32				0.03	0.21

（续表）

菌属	处理			标准误	P 值				
	对照组（%）	蛋氨酸锌组（%）	氧化锌组（%）		处理	日龄	处理×日龄	对照×氧化锌	对照×蛋氨酸锌
Fecalibacterium									
1 日龄	0.01	0.00	0.00	0.01				1.00	1.00
3 日龄	1.61	0.09	0.00	0.00				0.68	0.70
7 日龄	3.07[b]	14.08[a]	14.43[a]	6.41	0.31	<0.01	0.16	0.00	0.01
14 日龄	6.32	4.77	8.43	4.36				0.59	0.69
Fusobacterium									
1 日龄	0.05	0.00	1.47	1.13				0.65	0.99
3 日龄	10.01	10.54	4.62	1.18				0.09	0.87
7 日龄	0.42	1.82	1.39	1.50	0.39	<0.01	0.59	0.76	0.65
14 日龄	0.74	3.92	0.04	3.22				0.82	0.31
Blautia									
1 日龄	0.00	0.00	0.00	0.00				1.00	1.00
3 日龄	0.01	0.07	0.06	0.04				0.97	0.97
7 日龄	3.77	1.34	2.50	1.82	0.88	<0.01	0.83	0.41	0.11
14 日龄	3.04	3.80	2.97	2.46				0.96	0.62
Akkermansia									
1 日龄	0.00	0.00	0.00	0.00				1.00	1.00
3 日龄	0.00	0.00	0.00	0.00				1.00	1.00
7 日龄	7.57	5.03	4.06	5.35	0.81	<0.01	0.96	0.19	0.35
14 日龄	0.02	0.25	0.03	0.21				1.00	0.93
Klebsiella									
1 日龄	5.11[b]	10.05[a]	3.11[b]	3.97				0.33	0.02
3 日龄	0.23	0.62	0.45	0.38				0.91	0.85
7 日龄	0.09	0.01	0.01	0.04	0.23	<0.01	0.16	0.97	0.97
14 日龄	0.88	0.00	0.01	0.71				0.67	0.67
Clostridium									
1 日龄	1.93	3.39	1.79	1.49				0.88	0.13
3 日龄	0.75	0.46	1.92	1.22				0.23	0.76
7 日龄	0.05	0.00	0.08	0.06	0.79	<0.01	0.50	0.98	0.96
14 日龄	0.03	0.04	0.01	0.04				0.98	0.99

（续表）

菌属	处理			标准误	P 值				
	对照组（%）	蛋氨酸锌组（%）	氧化锌组（%）		处理	日龄	处理×日龄	对照×氧化锌	对照×蛋氨酸锌
Collinsella									
1 日龄	0.00	0.00	0.00	0.00				1.00	1.00
3 日龄	0.06	0.38	0.05	0.28				0.99	0.80
7 日龄	1.59[b]	4.55[a]	0.88[b]	2.00	0.17	0.01	0.20	0.58	0.02
14 日龄	0.33	1.44	2.47	1.52				0.09	0.38

注：同行数据肩标不同小写字母表示差异显著（$P<0.05$），相同或无字母表示差异不显著（$P \geqslant 0.05$）。

用皮尔森相关法分析 14 日龄时微生物群落、生长性能与免疫指标之间关系。在门水平，Proteobacteria 相对丰度与犊牛总采食量和开食料采食量呈负相关（$P<0.05$，表 5-6），而 Bacteroidetes 相对丰度与之呈正相关（$P<0.01$）。在属水平，*Dorea* 相对丰度与 IgG、IgA 浓度呈正相关（$P<0.05$，表 5-7）。ADG 与 *Fecalibacterium*（$P<0.05$）和 *Akkermansia*（$P<0.01$）相对丰度呈正相关。*Blautia* 相对丰度与总采食量及开食料采食量呈正相关，但与 IgG 浓度呈负相关（$P<0.05$）。

表 5-6 14 日龄犊牛主要菌门与生长性能和免疫球蛋白之间的皮尔森相关性

菌门	平均日增重	总采食量	开食料采食量	饲料效率	血清 IgG 浓度	血清 IgA 浓度	血清 IgM 浓度
Firmicutes	-0.17	0.30	0.30	0.17	-0.07	0.04	-0.20
Proteobacteria	0.05	-0.46[*]	-0.46[*]	-0.05	0.09	0.00	0.26
Bacteroidetes	0.07	0.54[**]	0.54[**]	-0.07	-0.10	-0.08	-0.15
Fusobacteria	0.17	-0.13	-0.13	-0.16	0.02	-0.01	0.01
Verrucomicrobia	0.27	-0.15	-0.15	-0.24	0.00	0.23	0.18
Actinobacteria	0.08	-0.01	-0.01	-0.13	0.05	-0.04	-0.21

注：[*] $P<0.05$；[**] $P<0.01$；负值表示负相关；正值表示正相关。

表 5-7　14 日龄犊牛主要菌属与生长性能和免疫球蛋白之间的皮尔森相关性

菌属	平均日增重	总采食量	开食料采食量	饲料效率	血清中含量		
					IgG	IgA	IgM
Escherichia	-0.19	0.15	0.15	0.16	0.02	0.07	0.16
Bacteroides	0.04	-0.23	-0.23	-0.03	-0.12	-0.12	-0.13
Butyricicoccus	0.23	0.19	0.19	0.25	-0.13	-0.18	-0.11
Dorea	0.03	0.14	0.14	0.031	0.42*	0.42*	0.06
Peptostreptococcus	0.16	-0.09	-0.09	-0.17	-0.05	-0.12	-0.03
Lactobacillus	0.30	-0.03	-0.03	-0.22	-0.02	-0.19	-0.13
Ruminococcus	-0.08	-0.27	-0.27	0.02	-0.20	-0.21	-0.16
Fecalibacterium	0.35*	-0.14	-0.14	-0.34	0.20	-0.05	-0.03
Fusobacterium	-0.16	0.22	0.22	0.14	-0.22	-0.22	0.02
Blautia	-0.04	0.36*	0.36*	0.15	-0.40*	-0.12	-0.21
Akkermansia	0.53**	-0.15	-0.15	-0.37	0.08	-0.17	-0.06
Klebsiella	-0.02	-0.02	-0.02	-0.01	0.06	0.18	0.17
Clostridium	0.03	0.08	0.08	-0.06	0.07	-0.23	-0.14
Collinsella	0.31	0.02	0.02	-0.27	0.11	-0.04	-0.25

注：* $P<0.05$；** $P<0.01$。

5.4　讨论

本研究展示了饲喂蛋氨酸锌可显著提高新生犊牛出生后 14 日龄的平均日采食量。虽然有机锌的促生长作用已被证明大于无机锌（Elnour 等，2010；Hill 等，2014），但也有研究表明，蛋氨酸锌和氧化锌对牛生长性能的影响相似（Spears，1989）。在本研究中，蛋氨酸锌组犊牛日增重（120.36 g/d）和氧化锌组（58.93 g/d）日增重均高于对照组，与 Glover 等（2013）发现一致，其研究发现每日饲喂犊牛 80 mg 蛋氨酸锌，体重增加了 40.24 g/d，但蛋氨酸锌、氧化锌和对照组之间无显著差异。Feldmann 等（2019）也发现饲喂蛋氨酸锌组的公犊牛与对照组相比日增重每日多 22 g。Spears（1989）发现饲喂氧化锌与蛋氨酸锌对母犊牛生长性能无显著影响，但蛋氨酸锌组有增加的趋势。尤其蛋氨酸锌组的料重比有低于对照组的趋势，可能是因为蛋氨酸锌具有更高的生物利用度。蛋氨酸锌是蛋氨酸和无机锌的螯合物，因此，它可能具有蛋氨酸和锌的双重作用。蛋氨酸是反刍动物生长的主要限制性氨基酸之一（Hill 等，2008），对机体代谢具有重要作用，约52%的蛋氨酸由肠腔细胞代谢，在肠腔细胞中转化为半胱氨酸（Wu等，1998），对生长性能有促进作用（Jankowski等，2014；Chagas等，2018）。然而，蛋氨酸和锌在蛋氨酸锌中的单独和联合作用需要进一步的研究。

在本研究中，对照组犊牛在出生后两周内的腹泻率为20%～34.29%。而饲喂ZnO或Zn-Met有助于减少新生犊牛的腹泻。饲喂氧化锌的犊牛出生后3 d不发生腹泻，与前人研究一致（Wang等，2018b；Sun等，2019）。饲喂蛋氨酸锌可减少腹泻，此结果与Feldmann等（2019）结果一致，其研究表明与对照组犊牛相比，饲喂蛋氨酸锌的犊牛患腹泻的风险降低了14.7%。

大量研究表明锌对机体免疫功能具有重要作用（Keen和Gershwin，1990；Wessels等，2017）。锌的抗腹泻作用可能与其免疫作用有关（Bonaventura等，2015；Pei等，2019）。血液中的免疫球蛋白，尤其是IgG、IgM及IgA是机体免疫功能的重要指标。IgG是介导体液免疫的主要抗体，是血清中最丰富的抗体（Crassini等，2018），而IgM是在免疫反应和感染中出现的第一种抗体（Ehrenstein和Notley，2010）。IgA是外分泌的主要抗体（Woof和Kerr，2006）。有研究指出补充锌可通过增加犊牛IgG浓度来提高其免疫功能（Kegley等，2001；Tomasi等，2018），也有其他研究指出饲喂380 mg/kg和570 mg/kg包被氧化锌可降低腹泻指数，增加空肠黏膜分泌IgA浓度（Shen等，2014）。另外，Nagalakshmi等（2018）指出低水平有机锌可提高犊牛的生长性能和免疫反应。与以上研究一致，本研究发现与对照组相比，饲喂氧化锌可分别提高血清中IgG（3.85 mg/mL）和IgM（2.86 mg/mL）浓度，与添加蛋氨酸锌相比，低水平的氧化锌对犊牛免疫功能的影响优于蛋氨酸锌。锌的抗腹泻作用机制被认为与调节肠液运输和黏膜完整性、促进免疫、调节氧化应激有关（Berni等，2011；Wei等，2019）。

然而，对锌，特别是大量氧化锌与肠道微生物的相互作用的研究有不同的发现（Pieper等，2012；Starke等，2014）。变形菌门是革兰氏阴性菌的一个主要菌门，可产生脂多糖内毒素，减少肠道屏障细胞数量，增加肠道通透性，导致慢性炎症反应（Cani等，2007）。前人研究证明，变形菌门数量的长期增加导致微生物群落结构不平衡或宿主机体发生疾病（Shin等，2015）。本研究发现，14日龄犊牛体内变形菌门的相对丰度与其总采食量和开食料采食量呈负相关。此外，1日龄氧化锌组犊牛直肠微生物中变形菌门的相对丰度低于对照组和蛋氨酸锌组，说明低水平饲喂犊牛氧化锌可有效抑制变形菌门的繁殖。拟杆菌对宿主健康的影响很大程度上是有益的，包括与免疫系统的相互作用，导致 T-细胞应答反应被激活（Mazmanian 等，2008；Wen 等，2008），以及限制潜在致病菌在胃肠道定殖（Mazmanian 等，2008）。拟杆菌通常会产生丁酸盐，这是一种结肠发酵的产物，具有抗肿瘤的特性，有助于维持健康的肠道（Kim 和 Milner，2007），它们也参与胆汁酸代谢和有毒或诱变化合物的转化。本研究中，拟杆菌的相对丰度在氧化锌组犊牛更高且与犊牛总采食量和开食料采食量呈正相关。

放线菌是革兰氏阳性细菌，可以利用碳水化合物产生乳酸。放线菌的一些天然产物可以用作抗菌、抗真菌、抗癌和抗寄生虫药物，其被临床上广泛应用（Butler，2004；Lee 等，2014；Olano 等，2014）。本研究中，蛋氨酸锌组放线菌数量较大。粪杆菌是一种天然的抗生素和益生菌，广泛应用于医药和食品工程领域（Gray 等，1994）。已有研究表明，粪杆菌是胃肠道中产丁酸盐最多的菌属之一（Flint 等，2012），它有利于宿主的健康，可以抑制致病菌的生长，如大肠杆菌和沙门氏菌（McNeeley，1998；Malik 等，1999）。本研究中，在 7 日龄时，氧化锌和蛋氨酸锌组的 *Fecalibacterium* 相对丰度高于对照组。此外，14 日龄时锌的相对丰度与平均日增重呈正相关，说明饲喂低水平锌可通过改变犊牛直肠微生物的组成来改善犊牛的健康。前人研究说明乳酸菌的增殖会产生大量的乳酸，抑制大肠杆菌等致病菌的生长和繁殖，从而降低胃肠道系统中局部的 pH 值（Sreekumar 和 Hosono，2000；Lin 等，2009）。乳酸还可以转化为丁酸，维持环境的酸性，抑制肠道病原体的生长。已有研究证明添加适当剂量的氧化锌可增加乳酸菌的相对丰度（Starke 等，2014），与本研究一致。瘤胃球菌是反刍动物瘤胃中最重要的微生物之一，因为它能够降解纤维素（La Reau 等，2016）。柯氏菌（*Collinsella*）能代谢动植物来源的碳水化合物，并与双歧杆菌（*Bifidobacterium*）一起修饰宿主的胆汁酸，从而调节肠道病原体的毒力和致病性（Bag 等，2017）。蛋氨酸锌组犊牛 7 日龄和 14 日龄这些细菌的相对丰度均较高。

5.5 小结

本研究结果表明，日粮中添加低剂量蛋氨酸锌可促进犊牛生长性能，降低犊牛出生后 14 日龄内的腹泻发生率，等量锌的氧化锌效果与蛋氨酸锌相似。但在试验结束时，氧化锌组与对照组之间没有显著差异，这表明蛋氨酸锌比氧化锌具有更高的生物利用度。而补饲氧化锌可降低犊牛出生后 3 日龄内的腹泻发生率，并可提高犊牛出生后第 14 日龄血清中 IgG 和 IgM 浓度。犊牛直肠微生物组成不受锌源添加的影响，但随犊牛年龄的增长而发生显著变化。可由此推断，补锌的犊牛腹泻发生率较低并不是通过对直肠微生物组成或多样性的影响。鉴于它们的不同效果，建议在犊牛出生后开始饲喂氧化锌至 3 日龄，而后饲喂蛋氨酸锌。研究结果为犊牛日粮中锌的合理使用提供了依据，并可能有助于减少抗菌药物的使用。

6 不同锌源对新生犊牛肠道形态及肠上皮屏障功能的影响

6.1 引言

　　腹泻是引起新生犊牛死亡的主要诱因，严重影响奶牛养殖场的经济效益并导致生产力下降（Bartels 等，2010；El-Seedy 等，2016）。由于 2 周龄的犊牛肠道上皮屏障尚未发育完全，肠道免疫系统相对薄弱，导致机体对矿物元素的吸收能力降低，引起肠道消化液分泌增多，诱发犊牛出现腹泻症状，故犊牛出生后的 2 周被视为犊牛腹泻高发期（Foster 和 Smith，2009；Gareau 和 Barrett，2013）。肠道上皮屏障是机体对抗病原微生物及外源有害物侵入机体的第一道防线，主要包括黏膜层、肠道上皮细胞以及紧密连接复合物三部分（Turner，2009）。因此，维持肠道屏障的完整可有效降低肠道功能紊乱、肠炎及腹泻发生率，有利于犊牛的健康发育以及后续生产性能的发挥（Catalioto 等，2011）。

　　锌是动物机体所需的一种重要的微量元素，具有抗炎和抗腹泻的生理功能（Hu 等，2012；Bonaventura 等，2015）。近年来，在动物日粮中添加锌可有效缓解动物腹泻，促进生长性能（Pettigrew，2006；Glover 等，2013；Feldmann 等，2019）。Wang 等（2013）研究证实，通过促进肠道屏障中紧密连接蛋白、肠道上皮细胞以及黏膜层的更新和肠道上皮屏障完整性的修复，日粮中添加高剂量的氧化锌（2 000～4 000 mg/kg）对犊牛腹泻具有显著抑制效应。然而，高剂量氧化锌在缓解动物腹泻的同时，也存在未吸收的锌离子随粪便排泄污染环境的问题。因此，出于环保考虑，2017 年我国新修订的《饲料添加剂安全使用规范》禁止了高剂量锌的添加，要求犊牛日粮中锌添加量低于 180 mg/kg。针对高锌限饲的规定，我们欲探究犊牛饲养中锌的最适添加量，发现每头犊牛每日以氧化锌形式补饲 80 mg 锌能够潜在缓解腹泻（Wei 等，2019）。

　　目前，畜禽生产中使用的饲料锌添加剂包括无机和有机两种形式，两者效果有所差异且有机锌效果更佳（Schlegel 等，2012；Nayeri 等，2014；Ishaq 等，2019）。目前研究表明，蛋氨酸锌能够促进肠道发育并提高消化能力，利于体内锌的周转代谢以及提高生产性能（Chien 等，2006；Feldmann 等，2019；Chang 等，2020）。前期研究发现，蛋氨酸锌能够促进肠道内锌的吸收并增加组织内锌的积累（Ma 等，2020）。因此，我们开展如下试验旨在探究氧化锌和蛋氨酸锌对新生犊牛生长性能、腹泻情况、肠道形态及空肠黏膜紧密连接蛋白表达的影响。

6.2 材料与方法

6.2.1 试验材料

氧化锌，纯度为 96.64%，购自湖南省衡阳市中宝饲料科技有限公司；蛋氨酸锌，纯度为 98.20%，购自上海华亭化工有限公司。

6.2.2 试验动物与试验设计

本试验在北京市顺义区中地畜牧科技有限公司开展，选取 24 头新生荷斯坦公犊牛，出生体重为 42.0 kg±1.2 kg，随机分为 3 个处理，分别为对照组（每日不额外添加氧化锌或蛋氨酸锌）、蛋氨酸锌组（每头犊牛每日饲喂 455 mg 蛋氨酸锌，相当于每日饲喂 80 mg 锌）、氧化锌组（每头犊牛每日饲喂 103 mg 氧化锌，相当于每日饲喂 80 mg 锌），每个处理组 8 头犊牛。试验从犊牛 1 日龄开始，到 14 日龄结束，共 14 d，采用单笼饲养方式。犊牛出生 1 h 后灌服初乳 4 L；第 2~3 天，用奶壶每日 8:30 和 16:00 各饲喂 2 L 初乳；第 4~14 天，用奶桶每日 8:30 和 16:00 各饲喂 4 L 常乳，第 4 天犊牛开始饲喂开食料，自由采食，每日记录采食量，牛奶及开食料营养组成见表 6-1。

表 6-1 牛奶及开食料营养组成

项目		含量
牛奶成分	密度（kg/L）	1.03
	乳蛋白（g/kg）	38.7
	乳脂肪（g/kg）	43.2

（续表）

项目		含量
牛奶成分	总固形物（g/kg）	135
	干物质（g/kg）	124
	乳糖（g/kg）	48.8
	锌（mg/kg）	4.05
开食料营养组成	干物质（g/kg DM）	895
	粗蛋白质（g/kg DM）	200
	粗脂肪（g/kg DM）	27.5
	粗灰分（g/kg DM）	67.3
	酸性洗涤纤维（g/kg DM）	100
	中性洗涤纤维（g/kg DM）	180
	锌（mg/kg）	176

注：营养水平均为实测值。

6.2.3 样品采集与指标测定

犊牛初生以及第 7 日龄和 15 日龄晨饲前早 7: 00 测定犊牛体重、体高、体斜长和胸围，试验期间记录每日饲料饲喂量及剩余量，计算犊牛饲料摄入量。每周计算平均日增重、平均日采食量，饲料转化率、平均体重增长、平均体斜长增长及平均胸围增长。

试验期，每天早、晚观察犊牛粪便形态并进行评分（Teixeira 等，2015），评分标准如下：0 分，硬粪；1 分，糊状粪便；2 分，成形粪便与液体状粪便混合；3 分，液体状粪便，颜色正常；4 分，水样粪便，颜色不正常。犊牛连续 2 天粪便评分为 3 或 4 分即认定为发生腹泻。根据记录的犊牛腹泻头数与腹泻持续时间，计算腹泻率。计算公式如下。

腹泻率（%）= ［总腹泻头数×腹泻天数/（试验头数×试验天数）］×100

犊牛 15 日龄晨饲前早 8: 00 进行颈静脉采血，$3\,000{\times}g$、4℃离心 15 min 后得到血清，−20℃冷冻保存。随后 8: 30 将犊牛屠宰，分别采集十二指肠、空肠和回肠组织中段，生理盐水冲洗后，置于多聚甲醛溶液中进行固定用于后续小肠形态分析，采集空肠黏膜置于−80℃保存用于后续测定。

使用电感耦合等离子体发射光谱（ICP-OES）测定饮用水、牛奶及开食料中锌的含量（GB 5009.268—2016）。采用 Pierce™ BCA 蛋白试剂盒测定血清总蛋白含量，使用 ELISA 试剂盒测定血清中 D-乳酸（DL）和二胺氧化酶（DAO）浓度。

小肠样品固定于 10% 多聚甲醛溶液中，冲洗、脱水、透明和苏木精伊红染色处理后，石蜡包埋切成 5 μm 厚度的切片，每个样品做 2 张切片，每个切片选取 3 个典型视野，采用图像分析软件（Image Pro plus 6.0）对采集的图像进行处理，并量取绒毛高度和隐窝深度，计算绒毛高度与隐窝深度比值。

使用荧光定量 PCR 测定空肠紧密连接蛋白 claudin−1、claudin−4、occludin 和 zonula occludens protein−1（ZO−1）的 mRNA 表达量。首先，称取空肠黏膜 50~100 mg，使用 TRIzol 进行裂解，提取总 RNA，测定 RNA 质量。其次，使用 PrimeScript™ RT Reagent Kit with gDNA Eraser 试剂盒将提取的总 RNA 反转录为 cDNA。随后，使用 Primer premier 5.0 软件设计紧密连接蛋白基因与内参基因 β−actin 引物，引物序列见表 6−2。最后，使用 TB Green™ Premix Ex Taq™ II（Tli RNaseH Plus；RR820A，Takara）试剂盒在 Bio−Rad CFX96 实时定量 PCR 仪上进行荧光定量 PCR 反应。PCR 反应体系为 12.5 μL TB Green Premix Ex Taq II（Tli RNaseH Plus）（2×），2 μL cDNA，1 μL PCR 正向引物，1 μL PCR 反向引物和 8.5 μL 双蒸水，总体积 25 μL。PCR 循环程序：起始步骤在 95℃ 反应 30 s；95℃ 反应 5 s 和 60℃ 反应 30 s，进行 40 个循环；循环结束后 95℃ 反应 10 s；最后温度由 65℃ 升至 95℃，每 5 s 上升 0.5℃，每个样品 3 个重复。计算 β−actin 和紧密连接蛋白的平均 Ct 值和 ΔCt 值（$\Delta Ct = Ct_{tight\ junction\ protein} - Ct_{\beta-actin}$），$Ct$ 值是反映累计荧光信号达到设定阈值所经历的循环数，使用 $2^{-\Delta\Delta Ct}$ 方法计算目的基因的相对表达量。

6.2.4 统计分析

采用 Logistic 回归（GENMOD 程序）和二项分布方差分析腹泻率结果。其他数据采用 SAS 软件混合程序进行单因素方法分析，采用 Tukey 法进行多重比较。$P<0.05$ 表示差异显著，$0.05 \leq P < 0.10$ 表示差异有显著趋势。

表 6−2 荧光定量 PCR 测定犊牛空肠黏膜紧密连接蛋白基因表达引物序列

目的基因	基因检索号	引物序列	PCR 扩增片段长度（bp）
ACTB	NM_ 173979. 3	F：5′ATCCTGCGGCATTCACGAA 3′ R：3′TGCCAGGGCAGTGATCTCTT 5′	154
Claudin−1	NM_ 001001854. 2	F：5′TCGACTCCTTGCTGAATCTGAA 3′ R：3′TGCCTCGTCGTCTTCCATG 5′	140

（续表）

目的基因	基因检索号	引物序列	PCR 扩增片段长度（bp）
Claudin-4	NM_ 001014391. 2	F：5′GGCTCTCTCGGACACTTTC 3′ R：3′CCTGTGTCCACAGCCATTCA 5′	101
Occludin	NM_ 001082433. 2	F：5′ACGCAGGAAGTGCCTTTGGTAGC 3′ R：3′GCAGCCATGGCCAGCAGGAA 5′	124
ZO-1	XM_ 024982009. 1	F：5′CAG CACATAGGA TCC CT GAAC 3′ R：3′TGCTTCCGGTAGTACT CCT CATC 5′	110

6.3 试验结果

6.3.1 不同锌源对犊牛生长性能及腹泻情况的影响

蛋氨酸锌和氧化锌对犊牛生长性能和腹泻率的影响如表 6-3 所示，整个试验期内添加蛋氨酸锌和氧化锌未对平均日增重、平均日采食量、饲料转化率、平均体高增长、平均体斜长增长和平均胸围增长产生影响；然而，8~14 日龄内，蛋氨酸锌组犊牛平均日增重（500 g/d）显著高于对照组（422 g/d），蛋氨酸锌组饲料转化率（2.05）显著高于对照组（2.47）（$P<0.05$）。试验期内各处理组犊牛腹泻率无显著差异，然而，8~14 日龄内，蛋氨酸锌组犊牛腹泻率显著低于对照组（$P<0.05$）。

表 6-3 不同锌源对荷斯坦犊牛生长性能及腹泻情况的影响

项目	处理			标准误	P 值
	对照组	蛋氨酸锌组	氧化锌组		
1~7 日龄					
平均日增重（g/d）	428	472	448	29.0	0.56
平均体高增长（cm）	2.19	2.31	2.06	0.44	0.92
平均体斜长增长（cm）	2.25	2.38	2.50	0.84	0.98
平均胸围增长（cm）	2.63	2.63	2.80	0.59	0.97
平均日采食量[1]（g DM/d）	994	995	991	2.38	0.52
饲料转化率（g DMI/g 增重）	2.40	2.16	2.27	0.15	0.59
腹泻率（%）	23.2	25.0	21.4	—	0.90
8~14 日龄					

（续表）

项目	处理			标准误	P 值
	对照组	蛋氨酸锌组	氧化锌组		
平均日增重（g/d）	422[b]	500[a]	441[ab]	19.5	0.03
平均体高增长（cm）	1.75	2.25	2.06	0.60	0.84
平均体斜长增长（cm）	2.50	3.94	3.38	0.58	0.23
平均胸围增长（cm）	2.00	2.47	2.19	0.77	0.91
平均日采食量（g DM/d）	1 018	1 019	1 020	8.63	1.00
饲料转化率（g DMI/g 增重）	2.47[b]	2.05[a]	2.33[ab]	0.10	0.03
腹泻率（%）	58.9[a]	35.7[b]	53.6[a]	—	0.04
1~14 日龄					
平均日增重（g/d）	425	486	445	20.3	0.12
平均体高增长（cm）	3.94	4.56	4.13	0.79	0.85
平均体斜长增长（cm）	4.75	6.31	5.88	0.80	0.38
平均胸围增长（cm）	4.63	5.09	4.99	0.52	0.80
平均日采食量（g DM/d）	1 009	1 010	1 010	5.69	0.99
饲料转化率（g DMI/g 增重）	2.42	2.10	2.30	0.10	0.11
腹泻率（%）	41.1	30.4	37.5	—	0.23

注：同行数据肩标不同小写字母表示差异显著（$P<0.05$），相同或无字母表示差异不显著（$P\geqslant 0.05$）。下表同。

[1]以干物质为基础，余同。

6.3.2　不同锌源对血清总蛋白、D-乳酸和二胺氧化酶浓度的影响

不同处理组犊牛血清总蛋白、D-乳酸和二胺氧化酶的浓度如表 6-4 所示，与对照组相比，蛋氨酸锌组犊牛血清中 D-乳酸含量显著下降（$P<0.05$），但氧化锌组无显著差异；3 个处理组犊牛血清总蛋白和二胺氧化酶浓度没有差异。

表 6-4　不同锌源对荷斯坦犊牛血清总蛋白、D-乳酸和二胺氧化酶浓度的影响

项目	处理			标准误	P 值
	对照组	蛋氨酸锌组	氧化锌组		
血清总蛋白（g/L）	54.2	58.5	57.5	2.46	0.46
D-乳酸（μmol/L）	24.6[a]	17.3[b]	20.5[ab]	1.90	0.04
二胺氧化酶（mg/L）	246	265	263	45.8	0.95

6.3.3　不同锌源对小肠形态结构的影响

如表6-5所示，与对照组相比，蛋氨酸锌组显著提高了犊牛回肠绒毛高度（$P<0.05$），但氧化锌组无显著差异。蛋氨酸锌组和氧化锌组犊牛的十二指肠、空肠、回肠的隐窝深度及绒毛高度与隐窝深度比值与对照组犊牛间无差异。

表6-5　不同锌源对荷斯坦犊牛小肠形态结构的影响

项目	指标	处理			标准误	P 值
		对照组	蛋氨酸锌组	氧化锌组		
十二指肠	绒毛高度（μm）	428	445	446	35.0	0.92
	隐窝深度（μm）	168	149	171	15.5	0.56
	绒毛高度/隐窝深度	2.57	2.53	2.94	0.21	0.33
空肠	绒毛高度（μm）	370	379	373	15.9	0.92
	隐窝深度（μm）	138	135	132	8.23	0.85
	绒毛高度/隐窝深度	2.68	2.89	2.85	0.17	0.66
回肠	绒毛高度（μm）	396[b]	493[a]	450[ab]	21.7	0.02
	隐窝深度（μm）	184	198	187	13.3	0.74
	绒毛高度/隐窝深度	2.24	2.54	2.40	0.18	0.51

6.3.4　不同锌源对空肠黏膜紧密连接蛋白 mRNA 表达量的影响

如图6-1所示，添加蛋氨酸锌提高了犊牛空肠紧密连接蛋白 claudin-1、occludin 和 ZO-1 的 mRNA 表达水平（$P<0.05$），而添加氧化锌对其无影响（$P<0.05$），各处理组 claudin-4 的表达水平无差异（$P<0.05$）。

6.4　讨论

已有研究表明，日粮中添加高于营养需要（2 000~4 000 mg/kg）的氧化锌可以缓解腹泻并促进生长（Slade 等，2011）。然而，如此高剂量补充锌却是一种资源浪费，大量未被吸收的锌将随粪便排出，对环境造成污染。因此，本研究以蛋氨酸锌或氧化锌形式在犊牛日粮中补饲低剂量锌（80 mg/d）。由于早期犊牛开食料的平均日摄入量约为 25 g，开食料中所含锌浓度为 176 mg/kg DM，因此犊牛每日从开食料摄取的锌少于 5 mg，可忽略不

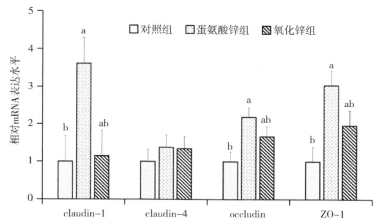

图6-1 不同锌源对空肠黏膜紧密结合蛋白 mRNA 表达量的影响

注：同组数据上标不同字母表示差异显著（$P<0.05$），相同字母表示差异不显著。

计。在1~7 d 和1~14 d，锌处理组与对照组间犊牛腹泻率、平均日增重、平均日采食量和料重比均无差异。然而，在8~14 d，蛋氨酸锌组犊牛的腹泻率明显低于对照组，这与之前在儿童和动物中得到的结果一致（Bhutta等，1999；Castillo 等，2008；Feldmann 等，2019）。在出生后第2周（8~14 d），蛋氨酸锌组犊牛的平均日增重显著高于对照组，料重比显著低于对照组。同样，Wagner 等（2008）报道，添加蛋氨酸锌可以显著提高肉牛的平均日增重。此外，Spears（1989）发现，给犊牛补饲 25 mg/kg 氧化锌或蛋氨酸锌可显著提高其平均日增重，且蛋氨酸锌效果优于氧化锌。此外，Glover 等（2013）发现，给发生腹泻的新生犊牛补充蛋氨酸锌其平均日增重可达 40 g/d，而对照组犊牛每日体重降低 67 g。Feldmann 等（2019）研究表明，蛋氨酸锌处理组的犊牛平均日增重较对照组犊牛高 22 g。

　　新生犊牛的生长与骨骼发育有关，锌能够影响与骨骼发育有关的激素、酶以及核酸代谢（Yamaguchi，1998）。在本试验中，我们发现蛋氨酸锌和氧化锌对犊牛体重增加均无影响。Arrayet 等（2002）也报道了类似的结果，他们发现补充锌对荷斯坦犊牛从出生到 90 d 的生长指标无影响。

　　前已述及，肠道上皮屏障由黏液层、肠上皮细胞和紧密连接蛋白组成，其可有效抵御有害物质和病原微生物的侵入（Turner，2009）。肠道屏障中细胞的发育与小肠形态的发育同时进行，本试验通过测量绒毛高度、隐窝深度和绒毛高度与隐窝深度比值来评估小肠形态结构（Peterson 和 Artis，2014）。研究发现，增加绒毛高度可扩大营养物质吸收的表面积（Hu 等，

2012）。本试验中，补饲蛋氨酸锌和氧化锌均未影响十二指肠或空肠绒毛高度、隐窝深度和绒毛高度与隐窝深度比值；但是蛋氨酸锌组犊牛回肠绒毛高度显著高于对照组，表明蛋氨酸锌在一定程度上能够促进早期回肠上皮细胞的发育，从而降低腹泻的发生率并促进犊牛生长。

紧密连接蛋白的破坏通常伴随着紧密连接蛋白表达水平的降低（Ulluwishewa 等，2011），主要包括 claudins、occludin 和 ZO-1。已有研究表明，断奶仔猪补饲高剂量氧化锌会增加 occludin 和 ZO-1 的表达，锌通过调节 claudin-3 和 occludin 的表达维护肠道上皮屏障完整（Zhang 和 Guo，2009；Song 等，2015；Miyoshi 等，2016）。这与本试验结果一致，与对照组相比，蛋氨酸锌处理组犊牛空肠黏膜中 claudin-1、occludin 和 ZO-1 的转录水平显著增加。紧密连接蛋白表达量的升高利于肠道上皮屏障通透性的维持，有助于限制有害物质的入侵。Hu 等（2012）表明，肠道上皮屏障损伤会导致肠道上皮通透性的增加，血清中 D-乳酸和二胺氧化酶水平是反映肠道通透性的重要指标（Yu 等，2016）。二胺氧化酶是一种高活性的细胞内酶，仅存在于小肠绒毛中，当肠黏膜受损时二胺氧化酶被释放到血液中（Hu 等，2012）。D-乳酸是细菌发酵的代谢物，仅来自肠道且不会被快速降解。除非完整的肠道屏障有所损伤，否则正常情况下 D-乳酸和二胺氧化酶不会出现在血清中。Hu 等（2012）研究表明，高剂量氧化锌降低了 D-乳酸和二胺氧化酶水平，表明氧化锌具有保护肠黏膜屏障功能的潜力。此外，Long 等（2017）发现，高水平氧化锌（3 000 mg/kg）通过降低仔猪血清中二胺氧化酶水平，从而维持肠道黏膜的完整性。然而，氧化锌在维持肠道上皮屏障完整性方面的作用机制仍需进一步研究。本试验检测到犊牛血清中存在 D-乳酸和二胺氧化酶，表明犊牛肠道屏障受损。试验结果表明，蛋氨酸锌组血清 D-乳酸水平显著低于对照组，氧化锌组血清中 D-乳酸水平有所降低但差异不显著，这可能与本试验中补充氧化锌的剂量相对较低有关。

由此可见，以蛋氨酸锌形式补充 80 mg/d 锌能够通过增强空肠屏障完整性和降低肠道通透性缓解犊牛腹泻，从而提高犊牛平均日增重和饲料转化率。补饲相同锌剂量的氧化锌其作用效果与蛋氨酸锌相似，但与对照组差异不显著，这一结果可能与本研究中氧化锌的补充剂量相对较低有关。Glover 等（2013）研究表明，蛋氨酸锌比氧化锌具有更高的生物利用率。Glover 等（2013）报道称，添加蛋氨酸锌（锌剂量为 80 mg/d）犊牛体重平均增加 40 g，而添加氧化锌（锌剂量为 80 mg/d）的犊牛体重没有增加。值得注意的是，与无机锌相比犊牛对蛋氨酸锌的吸收利用效率更高（Nayeri 等，

2014；Ishaq 等，2019）。Kincaid 等（1997）证实，蛋氨酸锌的吸收和沉积较氧化锌高。尽管如此，由于蛋氨酸锌是蛋氨酸和锌的螯合物，这两种成分在本试验中可能均发挥了作用。蛋氨酸是反刍动物生长的主要限制性氨基酸之一，在代谢中发挥着重要作用（Hill 等，2008），大约 52%的蛋氨酸被肠腔细胞代谢转化为半胱氨酸，有助于提高动物生产性能（Wu 等，1998；Chagas 等，2018）。然而，改善肠道上皮屏障的完整性，减少腹泻率在本研究中很可能主要由锌元素发挥作用。Shao 等（2017）报道称，锌离子可通过促进肠道上皮细胞的分化和紧密连接蛋白 ZO-1 的表达改善肠道屏障功能，这与本试验结果一致。尽管如此，蛋氨酸和锌是否单独或联合作用于犊牛肠道需要进一步研究。

6.5　小结

本试验中，低剂量蛋氨酸锌或氧化锌对 2 周龄新生犊牛生长性能和腹泻率没有影响。日粮中添加蛋氨酸锌可降低犊牛腹泻率，提高犊牛平均日增重和饲料转化率。与对照组相比，蛋氨酸锌组犊牛血清中 D-乳酸水平显著降低，回肠绒毛高度有所增加，claudins、occludin 和 ZO-1 的 mRNA 表达量有所升高。综上所述，本试验结果表明，蛋氨酸锌可改善新生犊牛肠道上皮屏障完整性，降低腹泻率，在犊牛早期日粮中补饲蛋氨酸锌对犊牛生长有益。

7 不同锌源对新生犊牛组织锌积累及空肠黏膜锌转运蛋白表达的影响

7.1 引言

腹泻是引发犊牛死亡的主要原因，特别是在犊牛出生后的前两周，直接导致抗菌剂的使用和奶牛养殖场的经济损失（Pempek 等，2019）。为了减少抗菌药物的使用，寻求有效的抗腹泻制剂至关重要。

锌是所有生物必不可少的一种微量元素（Hu 等，2013）。它是许多酶的重要组成部分，这些酶参与机体多种生理和细胞功能，包括各种免疫、内分泌、神经和生殖过程（Vallee 等，1993）。近年来，锌还作为抗腹泻制剂用于缓解婴幼儿腹泻（Liberato 等，2015）。在动物生产中，高剂量氧化锌（ZnO，2 000~4 000 mg/kg）可减少幼龄动物腹泻并促进生长，但高锌可能导致大量的锌通过粪便流失（Wang 等，2013）。考虑到对环境的影响，农业部于 2017 年禁止在日粮中添加高剂量氧化锌。

我们前期试验结果显示，在日粮中以氧化锌形式给新生犊牛补充锌的最适添加剂量为 80 mg/d 锌，可潜在缓解新生犊牛腹泻（Wei 等，2019）。在随后的研究中，我们比较了相同剂量的有机或无机锌对犊牛生长和腹泻率的影响，结果表明，低剂量蛋氨酸锌（Zn-Met）或氧化锌可以缓解幼犊腹泻，但并未对直肠微生物组成或多样性造成影响（Chang 等，2020）。

本研究通过对犊牛生长性能、腹泻率、组织锌积累、空肠黏膜锌转运蛋白表达和血清锌依赖性蛋白浓度的测定，研究相同剂量的两种不同形式的锌对犊牛出生后前两周内组织锌积累和锌吸收的影响，这可能对犊牛饲养中锌的合理应用提供理论指导。

7.2　材料与方法

7.2.1　试验材料

氧化锌, 纯度为 96.64%, 购自湖南省衡阳市中宝饲料科技有限公司; 蛋氨酸锌, 纯度为 98.20%, 购自上海华亭化工有限公司。

7.2.2　试验动物和试验日粮

试验选用体重相近 (40.74 kg±0.63 kg) 的健康新生荷斯坦公犊牛 18 头。所有犊牛在出生后 1 h 内灌服 4 L 初乳。第 2~3 天, 每头犊牛每天 2 次 (8: 30 和 16: 00) 用奶壶饲喂 2 L 常乳。第 4~14 天, 每天用奶桶喂 8 L 常乳。蛋氨酸锌或氧化锌与 200 mL 初乳或常乳混合, 在第 1~14 天喂给犊牛 (Wei 等, 2019)。商品颗粒料从第 4 天开始喂给犊牛。饲料中的锌以硫酸锌的形式提供。牛奶和开食料的营养成分如表 7-1 所示。水和开食料均为自由采食。

表 7-1　牛奶及开食料的营养组成 (干物质基础)

项目		含量
牛奶成分	乳密度 (kg/L)	1.02
	乳蛋白 (%)	3.85
	乳脂肪 (%)	4.21
	总固形物 (%)	12.9
	干物质 (%)	12.0
	乳糖 (%)	4.68
开食料营养组成	干物质 (%)	89.3
	粗蛋白质 (%)	19.8
	粗脂肪 (%)	2.68
	粗灰分 (%)	6.52
	酸性洗涤纤维 (%)	8.03
	中性洗涤纤维 (%)	17.6
	钙 (%)	0.89
	磷 (%)	0.46
	铜 (mg/kg)	50.7
	铁 (mg/kg)	271
	锌 (mg/kg)	175

7.2.3　试验设计与饲养管理

将18头试验犊牛随机分为3组，每组6头。犊牛出生后立即从母牛围栏中移走，安置在单独的围栏（1.8 m×1.4 m×1.2 m）中，围栏里铺着稻草，以铁栅栏相隔。试验处理如下：①对照组（不添加 ZnO 或 Zn-Met）；②蛋氨酸锌组（每头犊牛每日添加 455 mg Zn-Met，相当于每日添加 80 mg 锌）；③氧化锌组（每头犊牛每日添加 103 mg ZnO，相当于每日添加 80 mg 锌）。锌的添加水平基于先前研究（Wei 等，2019；Feldmann 等，2019；Glover 等，2013）。试验进行至犊牛初生后14 d 结束。

7.2.4　样品采集与指标测定

7.2.4.1　生产性能和腹泻率

在犊牛生后第1、7和15日龄晨饲前，测量犊牛的体重、体高、体长和胸围，以计算平均日增重（ADG）和体高、体长和胸围的平均日增长。整个试验期还测量了总采食量，包括牛奶和开食料采食量，以计算平均日采食量（ADFI，以干物质为基础计算）和饲料转化率。

按照4分制每天对犊牛粪便进行评分（Teixeira 等，2015）。腹泻的定义是连续两天粪便评分为3分或4分。试验期间，记录腹泻的犊牛数量和腹泻天数，计算腹泻率。

7.2.4.2　血清样品

犊牛15日龄晨饲前（8:30），采用真空采血管进行颈静脉采血，4℃离心 15 min 获得血清，-20℃保存。随后屠宰所有犊牛，采集肝脏样本，用冰浴的 PBS（pH 7.4）洗涤去血，保存至液氮中用于后续分析。随后，采集 7~10 cm 长的空肠样品，经生理盐水冲洗后，经纵向切口暴露空肠黏膜，用无菌载玻片刮取黏膜样品，-80℃保存，用于锌转运蛋白表达的测定。采用实时定量（RT）PCR 检测锌转运蛋白 ZnT1、ZnT2、ZnT5 和 ZRT-IRT 样蛋白 4（ZIP4）的 mRNA 表达。

血清碱性磷酸酶（ALP）、超氧化物歧化酶（SOD）活性以及金属硫蛋白（MTs）、生长激素（GH）和胰岛素样生长因子-1（IGF-1）的浓度均采用南京建成生物工程研究所的商品化试剂盒进行检测。

7.2.4.3　饮用水、牛奶和开食料

采用电感耦合等离子体发射光谱法测定水和牛奶中的锌浓度，日粮中钙、磷、锌、铁和铜的浓度，以及血清和肝脏中铜和铁的浓度（GB

5009.268—2016）。饮用水锌含量未检出。牛奶和开食料中锌含量分别为4.08 mg/kg 和 175 mg/kg。

7.2.5 数据分析

采用 Logistic 回归（GENMOD 程序）和二项分布方差分析腹泻率结果。使用 SAS 软件混合模型程序对其他数据进行单因素方差分析。采用 Tukey 法进行多重比较。当 $P<0.05$ 时，差异显著；当 $0.05 \leqslant P<0.10$ 时，表示差异有显著趋势。

7.3 结果

7.3.1 生长性能和腹泻率

如表 7-2 所示，在第 1~7 天，各处理组犊牛平均日增重、平均日采食量和饲料转化率差异不显著。然而，在第 8~14 天以及整个试验期，蛋氨酸锌组犊牛的平均日增重显著高于对照组（$P<0.05$）。与对照组相比，蛋氨酸锌组在第 8~14 天和第 1~14 天的饲料转化率更高（$P<0.05$）。各处理犊牛体高、体长和胸围增长差异不显著。

如表 7-2 所示，与对照组相比，补充蛋氨酸锌降低了 8~14 d 和整个试验期的腹泻率（$P<0.05$）。氧化锌具有与蛋氨酸锌相似的作用，但与对照组差异不显著。

表 7-2　蛋氨酸锌和氧化锌对荷斯坦奶牛生长性能和腹泻率的影响

项目	处理			标准误	P 值
	对照组	蛋氨酸锌组	氧化锌组		
出生后 1~7 d					
平均日增重（g/d）	398	485	443	32.9	0.208
平均体高增长（cm）	1.92	2.58	2.42	0.51	0.641
平均体长增长（cm）	2.67	1.83	2.67	0.96	0.782
平均胸围增长（cm）	2.00	3.00	2.73	0.66	0.551
牛奶平均日采食量（g DM/d）	982	982	983	0.80	0.550
开食料平均日采食量（g DM/d）	11.9	12.9	9.04	3.33	0.700
饲料平均日总采食量（g DM/d）	994	995	992	2.83	0.774
锌总采食量（mg/d）	6.09[b]	86.3[a]	85.6[a]	0.58	<0.001
饲料转化率（g DMI/g 增重）	2.56	2.13	2.30	0.18	0.255
腹泻率（%）	19.0	14.3	11.9	—	0.353

项目	处理			标准误	P 值
	对照组	蛋氨酸锌组	氧化锌组		
出生后 8~14 d					
平均日增重（g/d）	407[b]	513[a]	433[b]	18.5	0.003
平均体高增长（cm）	1.50	2	1.92	0.76	0.884
平均体长增长（cm）	2.50	3.75	3.17	0.71	0.477
平均胸围增长（cm）	2.67	1.96	2.42	0.91	0.856
牛奶平均日采食量（g DM/d）	983	983	983	0.99	0.937
开食料平均日采食量（g DM/d）	33.0	33.1	37.7	11.9	0.950
饲料平均日总采食量（kg DM/d）	1.02	1	1.02	0.01	0.931
锌总采食量（mg/d）	9.78[b]	89.8[a]	90.6[a]	2.07	<0.001
饲料转化率（g DMI/g 增重）	2.54[a]	1.99[b]	2.37[ab]	0.11	0.006
腹泻率（%）	31.0	16.7	23.8	—	0.036
出生后 1~14 d					
初生重（kg）	40.5	42	39.8	1.08	0.349
末重（kg）	46.1	49	45.9	1.09	0.115
平均体高增长（cm）	3.42	4.58	4.33	0.98	0.683
平均体长增长（cm）	5.17	5.58	5.83	0.97	0.888
平均胸围增长（cm）	4.67	4.96	5.15	0.62	0.860
牛奶平均日采食量（g DM/d）	982	983	983	0.59	0.582
开食料平均日采食（g DM/d）	25.4	25.8	31.0	7.22	0.829
饲料平均日总采食量（kg DM/d）	1.01	1	1.01	0.01	0.759
锌总采食量（mg/d）	7.29[b]	87.4[a]	88.2[a]	0.93	<0.001
饲料转化率（g DMI/g 增重）	2.54[a]	2.04[b]	2.33[ab]	0.11	0.016
腹泻率（%）	50.0	31	35.7	—	0.033

注：同行数据肩标不同小写字母表示差异显著（P<0.05）。

7.3.2 血清和肝脏中微量元素浓度

表 7-3 为犊牛血清和肝脏中微量元素浓度。与对照组相比，蛋氨酸锌组犊牛血清和肝脏中锌含量较高（P<0.05）。与对照组相比，添加氧化锌有提高血清铜浓度的趋势（P=0.09）。然而，添加锌并未影响犊牛血清或肝脏中铜或铁的浓度。

表 7-3 Zn-Met 和 ZnO 对荷斯坦奶牛血清和组织微量元素浓度的影响

项目	处理			标准误	P 值
	对照组	蛋氨酸锌组	氧化锌组		
血清微量元素浓度（mg/kg）					
锌	2.06[b]	3.34[a]	2.82[ab]	0.32	0.037
铁	4.26	4.92	4.48	0.62	0.744
铜	0.77	0.87	1.22	0.14	0.090
肝脏微量元素浓度（mg/kg）[1]					
锌	75.5[b]	122[a]	117[ab]	11.7	0.025
铁	34.5	35.4	35.4	3.83	0.982
铜	83.5	84.9	83.5	10.2	0.994

注：同行数据肩标不同小写字母表示差异显著（$P<0.05$）。

[1] 结果以鲜重为基础。

7.3.3 血清锌依赖蛋白浓度

3 个处理组犊牛血清中锌依赖性蛋白浓度如表 7-4 所示。蛋氨酸锌组犊牛血清中 ALP 活性和 MT 浓度均高于对照组（$P<0.05$）。三处理组间 SOD 活性、GH、IGF-1 浓度无显著性差异。添加氧化锌和蛋氨酸锌均不影响犊牛血清中锌依赖蛋白的浓度。

表 7-4 蛋氨酸锌和氧化锌对荷斯坦犊牛血清锌依赖蛋白浓度的影响

项目	处理			标准误	P 值
	对照组	蛋氨酸锌组	氧化锌组		
ALP（ng/mL）	1.55[b]	1.74[a]	1.73[a]	0.05	0.034
MT（pg/mL）	768[b]	906[a]	874[ab]	36.0	0.040
SOD（U/mL）	76.9	79.5	78.8	3.15	0.835
GH（pg/mL）	3.91	4.21	3.94	0.19	0.480
IGF-1（ng/mL）	11.7	11.1	10.9	0.85	0.810

注：同行数据肩标不同小写字母表示差异显著（$P<0.05$）。

7.3.4 空肠黏膜锌转运蛋白的 RNA 表达

如图 7-1 所示，3 处理组犊牛空肠黏膜中 ZnT1、ZnT2 和 ZnT5 的 mRNA 表达无显著差异。但是，蛋氨酸锌组犊牛空肠黏膜中 ZIP4 的 mRNA 表达显著高于对照组（$P<0.05$），而氧化锌组和对照组之间差异不显著（$P>0.05$）。

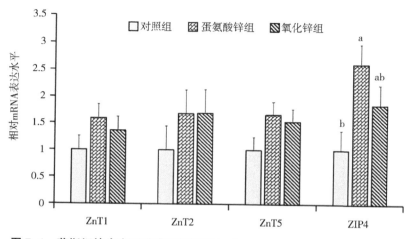

**图 7-1　荷斯坦犊牛空肠黏膜锌转运蛋白（ZnT1、ZnT2、ZnT5 和 ZIP4)
的 mRNA 表达**

数据取值为平均值，其标准误差用竖线（$n=6$）表示。同组数据肩标不同小写
字母表示差异显著（$P<0.05$）。

7.4　讨论

本研究表明，添加低剂量蛋氨酸锌可提高犊牛前两周的日增重和饲料转
化率，从而提高犊牛的生长性能。虽然添加氧化锌的效果与蛋氨酸锌相似，
但氧化锌组与对照组之间无显著差异。以上结果与前人研究一致，表明有机
锌比无机锌具有更好的促生长作用（Garg 等，2008；El-Nour 等，2010；
Hill 等，2014）。此外，从犊牛出生后第 2 周开始，蛋氨酸锌组的腹泻率明
显低于对照组（Tucker 等，2011；Wang 等 2016）。考虑到出生后前两周是
犊牛腹泻的高发期，为了降低腹泻率，我们建议在犊牛饲养早期日粮中补充
蛋氨酸锌（Chang 等，2020）。

由于锌不能在体内永久储存，因此通过日粮补锌是极为必要的（Deng
等，2017）。摄入的锌主要在肠道吸收，并通过门静脉循环运输到肝脏（Yu
等，2017）。因此，肝脏尤其受日粮锌水平的影响，并可短期储存锌（Abe-
dini 等，2017）。当犊牛食用加锌日粮时，血清和肝脏中的锌浓度有望增加，
Deng 等（2017）提出补锌是提高血中锌积累的有效途径。此外，Bao 等
（2009）报道了肝脏中锌浓度随日粮锌添加水平的增加而升高；Wright 和

Spears（2004）的研究表明在日粮中补锌后荷斯坦犊牛血浆和肝脏中锌浓度均有所增加。已证实有机锌比无机锌更为有效（Abedini 等，2017）。Shaeffer 等（2017）证明饲喂有机锌的肉牛血浆中锌浓度高于饲喂无机锌的肉牛。Kincaid 等（1997）的研究结果表明，日粮添加 300 mg/kg 蛋氨酸锌和赖氨酸锌混合物可有效提高犊牛血清和肝脏中锌浓度，效果优于添加氧化锌；且饲喂有机锌源的荷斯坦犊牛其血浆和肝脏中锌浓度高于饲喂无机锌的犊牛（Wright 等，2004）。与前人研究一致，我们的结果显示蛋氨酸锌组犊牛血清和肝脏中锌浓度显著高于对照组，但氧化锌组和对照组之间未观察到差异，这表明蛋氨酸锌具有更高的生物利用率。

几十年来，高剂量锌一直用于幼龄动物的止泻和促生长（Hu 等，2013）。然而，过度用锌会造成浪费资源，并可能导致锌与其他金属离子的相互作用（Glover 等，2013；Deng 等，2017；NRC，2001）。众所周知，如果大量摄入锌元素，可能竞争体内铜、铁的吸收（Jensen 等，1998）。日粮中添加 Zn-Met 能提高血清和肝脏锌含量，但不影响犊牛体内铁、铜含量，说明在本试验条件下，日粮锌添加量不影响铁、铜的吸收。这可能与蛋氨酸锌或氧化锌添加剂量相对较低有关，与我们前期试验结果一致（Wei 等，2019）。Jia 等（2009）也得到了类似的结果，他们发现给绒山羊补锌后对其血清中铜和铁浓度无影响。

锌的重要生理作用之一是作为金属酶的关键成分参与机体几乎所有的代谢活动（NRC，2001；Haase 等，2008；Kulkarni 等，2012）。ALP 是一种含锌的金属酶，其活性可作为锌营养状况的标志物（Samman 等，1996；Yin 等，2009）。Spears（1989）发现，饲用含锌日粮的羔羊在 28 日龄和 42 日龄时血浆 ALP 活性较高。MT 是一种低分子量、富含半胱氨酸的蛋白质（Chabosseau 等，2016），它与锌具有高亲和力，并参与锌的吸收、运输和储存（Chabosseau 等，2016）。日粮中添加锌可以诱导 MT 的合成（Davis 等，2000）。Swinkels 等（1994）证明体液和组织中的 MT 浓度是反映经日粮和矿物质来源获得锌的最佳标志物；Wright 和 Spears（2004）发现补锌可增加犊牛肝脏 MT 浓度。与前期研究结果一致，本试验中添加蛋氨酸锌的犊牛血清 ALP 活性和 MT 浓度均高于对照组。

空肠中锌的吸收主要由两个基因家族的锌转运蛋白介导：溶质载体 30（SLC 30；ZnT）和溶质载体 39（SLC 39；ZIP）。这两种类型的转运蛋白共同调节和维持动物体内系统和细胞的锌稳态（Schweigel 等，2014），当日粮锌供应不足或过多时，这种平衡就会受到威胁（Yue 等，2015；Huang 等，

2016)。ZnT 转运体促进锌从细胞质内转运到细胞外（Schweigel 等，2014；Myers 等，2015）。ZIP 转运体调节锌从细胞外和细胞器内转运到细胞质（Andrews 等，2008；Garza 等，2015）。在本试验中，添加蛋氨酸锌提高了犊牛空肠黏膜中 ZIP4 的表达，说明蛋氨酸锌可能促进锌的吸收，这一发现与蛋氨酸锌组犊牛血清和肝脏锌浓度的升高一致。相比之下，蛋氨酸锌对犊牛空肠黏膜中 ZnT1、ZnT2 和 ZnT5 的 mRNA 表达没有影响。综上所述，我们的研究结果表明，日粮中每天添加 80 mg 锌可能适合出生后犊牛的需要。

7.5　小结

　　本试验结果表明低剂量蛋氨酸锌可以降低出生前两周犊牛的腹泻率，并促进其生长。而且，蛋氨酸锌对荷斯坦犊牛出生后前两周的组织锌积累、空肠黏膜锌转运蛋白的表达以及血清锌依赖蛋白的浓度均有积极影响。添加相同剂量氧化锌形式的锌与添加蛋氨酸锌的效果相似，但均未达到显著水平。

　　综上所述，锌添加剂能有效降低腹泻率，提高组织锌积累和空肠锌吸收转运；此外，有机锌的生物利用率高于无机锌。本试验结果表明，蛋氨酸锌可作为抗腹泻制剂替代抗菌药应用于犊牛早期饲养。

8 不同锌源对新生犊牛锌代谢的影响

8.1 引言

　　锌是动物必需的微量元素之一，在生长、发育、生殖、衰老、免疫以及代谢过程中发挥着至关重要的作用。动物体内锌含量极少，但分布十分广泛，参与机体 200 多种酶的代谢（Adebayo 等，2016）。缺锌会造成动物食欲下降，免疫力减弱，骨骼发育变形等一系列问题，进而影响动物健康和生产性能的发挥，给生产实践带来巨大经济损失。动物自身不能合成锌，天然饲料中锌元素往往也不能满足动物生理的正常需要，为了达到机体生理和代谢的锌需求量，必须在日粮中额外提供一定剂量的锌。锌代谢紊乱会影响其他微量元素的代谢，也会诱发各种相关疾病。锌代谢异常会影响机体对铁的吸收，及时补铁也不能将贫血的情况改善（Yadrick 等，1989），锌过量会导致铜含量降低，产生低铜血症，诱发骨质疏松，影响生长发育（Maret 和 Sandstead，2006；Sugiura 等，2006）。氧化锌具有缓解仔猪断奶腹泻，提高生长性能，改善饲料利用率的作用（张南南等，2017；Shen 等，2014；Hu 等，2012），蛋氨酸锌具有稳定性强，易消化吸收，生物利用率高等特点，在畜牧生产中被广泛关注（刘钢和单安山，2011）。锌作为饲料添加剂在单胃动物上的应用已有大量报道，而在犊牛方面的应用却少有研究。本团队前期试验研究表明，以氧化锌形式给新生犊牛每日补充 80 mg 锌可以有效改善体内锌代谢（Wei 等，2019）。本研究在前期试验基础上，给犊牛每日饲喂提供 80 mg 锌含量的氧化锌和蛋氨酸锌，通过测定犊牛血清和粪便中锌含量以及锌代谢相关酶的活性来比较犊牛对氧化锌和蛋氨酸锌的利用情况，为锌元素在犊牛生产中的科学应用提供理论依据。

8.2 材料与方法

8.2.1 试验材料

氧化锌，纯度为96.64%，购自湖南省衡阳市中宝饲料科技有限公司；蛋氨酸锌，纯度为98.20%，购自上海华亭化工有限公司。

8.2.2 试验动物与试验日粮

试验选择36头健康的新生荷斯坦母犊牛。饲喂犊牛的牛奶为北京市顺义区中地畜牧科技有限公司自产牛奶，开食料为北京首农畜牧科技发展有限公司饲料分公司生产的犊牛精料补充料641p。牛奶及开食料的营养水平详见表8-1。

表8-1 牛奶及开食料的营养组成（干物质基础）

项目		含量
牛奶成分	浓度（g/L）	1 032
	乳蛋白（%）	3.87
	乳脂肪（%）	4.32
	总固形物（%）	13.52
	干物质（%）	12.30
	乳糖（%）	4.88
	锌（mg/kg）	4.12
开食料营养组成	干物质	89.5
	粗蛋白质（%）	22.36
	粗脂肪（%）	3.07
	粗灰分（%）	7.52
	中性洗涤纤维（%）	20.12
	酸性洗涤纤维（%）	11.22
	锌（mg/kg）	172

注：营养水平均为实测值。

8.2.3 试验设计与饲养管理

本试验在北京市顺义区中地畜牧科技有限公司进行。根据体重相近原则，将 36 头健康的新生荷斯坦母犊牛随机分为 3 组，每组 12 头。处理 1 无添加（对照组），处理 2 每头添加 457 mg/d 蛋氨酸锌（蛋氨酸锌组，相当于锌 80 mg/d），处理 3 每头添加 104 mg/d 氧化锌（氧化锌组，相当于锌 80 mg/d）。试验进行至犊牛出生后 14 d 结束。试验犊牛采用犊牛岛单栏饲养，每头犊牛占地约 3 m²，保持圈舍卫生干净。饲喂过程中严格按照"五定"原则执行，即"定人、定时、定质、定量、定温"。试验犊牛的防疫按照牛场规定的标准执行。每头犊牛单独饲喂。出生后 2 h 内完成初乳灌服，每头犊牛 4 L。第 2~3 天，每天饲喂常乳 2 次（8:00；14:00），每次 2 L。第 4~14 天，每天饲喂常乳 2 次（7:00；14:00），每次 4 L，记录牛奶采食量。第 4 天开始添加开食料，犊牛自由采食并每天记录个体采食量。氧化锌和蛋氨酸锌混合于牛奶中进行饲喂。

8.2.4 样品采集与指标测定

8.2.4.1 牛奶、饮用水和开食料

每周采集犊牛采食的牛奶和开食料样品。牛奶常规营养成分采用乳成分分析仪（MilkoScanTM FT6000）测定；同时测定开食料中干物质（AOAC，2005；方法 930.15）、粗蛋白质（AOAC，2000；方法 976.05）、粗脂肪（AOAC，2003；方法 4.5.05）、粗灰分（GB/T 6438—2007）含量，中性洗涤纤维和酸性洗涤纤维的含量参照 Van Soest 等（1991）描述的方法进行测定。

采集犊牛饮用水样品。利用电感耦合等离子发射光谱仪（ICP-OES，9000，Shimadzu，日本）测定饮用水、牛奶和开食料样品中的锌含量（GB 5009.268—2016）。经测定犊牛饮用水中不含锌，牛奶和开食料中锌含量分别为 4.12 mg/kg 和 172 mg/kg（表 8-1）。

8.2.4.2 血清样品

犊牛 15 日龄晨饲前进行颈静脉采血，室温静置 30 min，3 000×g 4℃离心 15 min 后制备血清，保存于 -20℃ 冰箱备用。样品中矿物元素含量采用 ICP-OES（GB 5009.268—2016）进行测定。血清中的血管紧张素转化酶（ACE）、5'-核苷酸酶（5'-NT）和金属硫蛋白（MT）采用武汉基因美科技有限公司的试剂盒进行测定。血清中的谷胱甘肽过氧化物（GSH-Px）、丙二醛（MDA）、超氧化物歧化酶（SOD）和碱性磷酸酶（ALP）采用南京建成生物工程研究所的试剂盒进行测定。

8.2.4.3 粪便样品

犊牛 15 日龄晨饲前，利用无菌橡胶指套采集犊牛直肠内容物，装入冻存管中，-20℃保存备用。利用 ICP-OES 法（GB 5009.268—2016）测定微量元素含量。

8.2.5 数据分析

用 Excel 软件对试验数据进行初步处理，试验数据采用 SAS 9.4 软件进行单因素方差分析（one-way ANOVA），采用 Duncan 氏法进行多重比较。$P<0.05$ 表示差异显著，$0.05 \leqslant P<0.10$ 表示差异有显著趋势。

8.3 结果

8.3.1 不同锌源对犊牛血清中微量元素含量的影响

由表 8-2 可知，日粮添加氧化锌或蛋氨酸锌对犊牛开食料平均日采食量无影响，但可显著提高犊牛血清锌含量（$P<0.01$），氧化锌组犊牛血清锌含量介于蛋氨酸锌组和对照组之间。日粮添加氧化锌或蛋氨酸锌对犊牛血清中钙、铜、铁、镁和磷含量无显著影响（$P>0.05$）。

表 8-2 不同锌源对犊牛开食料采食量及血清中钙、铜、铁、镁、磷和锌含量的影响

项目	处理			标准误	P 值
	对照组	蛋氨酸锌组	氧化锌组		
开食料平均日采食量（g DM/d）	24.11	24.12	21.18	7.98	0.961
钙（mg/kg）	121.00	123.19	129.48	4.52	0.397
铜（mg/kg）	0.94	0.85	0.97	0.08	0.589
铁（mg/kg）	2.64	2.40	2.35	0.42	0.874
镁（mg/kg）	14.85	13.81	14.94	0.93	0.645
磷（mg/kg）	148.83	146.25	150.17	5.29	0.869
锌（mg/kg）	1.02[b]	1.64[a]	1.48[a]	0.11	0.002

注：同行数据肩标不同小写字母表示差异显著（$P<0.05$），相同或无字母表示差异不显著（$P \geqslant 0.05$）。下表同。

8.3.2 不同锌源对犊牛血清中锌代谢相关酶的影响

由表 8-3 可知，日粮添加氧化锌或蛋氨酸锌对血清中 5'-NT、MT、

ACE、ALP、GSH-Px、MDA 和 SOD 均无显著影响（$P>0.05$）。

表 8-3　不同锌源对犊牛血清中锌代谢相关酶的影响

项目	处理			标准误	P 值
	对照组	蛋氨酸锌组	氧化锌组		
5′-NT（ng/mL）	21. 57	21. 94	17. 87	1. 81	0. 232
MT（pg/mL）	1 002. 04	1 106. 21	990. 51	54. 62	0. 287
ACE（ng/mL）	55. 54	47. 52	53. 57	3. 29	0. 216
ALP（U/L）	736. 13	675. 44	686. 87	35. 70	0. 463
GSH-Px（U/L）	89. 39	97. 04	93. 44	6. 25	0. 704
MDA（nmol/mL）	67. 65	64. 27	65. 91	3. 24	0. 773
SOD（U/mL）	103. 06	99. 99	101. 20	4. 43	0. 891

8.3.3　不同锌源对犊牛粪便中微量元素含量的影响

由表 8-4 可知，日粮添加氧化锌有提高犊牛粪便锌含量的趋势（$P=0.07$），蛋氨酸组粪便锌含量介于对照组和氧化锌组之间。日粮添加氧化锌或蛋氨酸锌对犊牛粪便中铜和铁含量无显著影响（$P>0.05$）。

表 8-4　不同锌源对犊牛粪便中铜、铁和锌含量的影响

项目	处理			标准误	P 值
	对照组	蛋氨酸锌组	氧化锌组		
铜（mg/kg）	2. 46	2. 36	2. 28	0. 56	0. 972
铁（mg/kg）	715. 44	712. 28	739. 16	2. 46	0. 968
锌（mg/kg）	30. 03	67. 59	74. 66	14. 46	0. 079

8.4　讨论

8.4.1　不同锌源对犊牛开食料采食量及血清中微量元素含量的影响

动物摄入的日粮消化后主要经过肠道进行吸收，肠道上皮细胞吸收日粮中的部分锌离子转运到血液发挥作用，血清锌含量可以在一定程度上反映犊

牛对锌离子的吸收利用情况。本课题组前期试验结果显示，日粮添加蛋氨酸锌或氧化锌对犊牛开食料平均日采食量无影响（郝丽媛等，2018），而本试验结果表明日粮添加不同来源锌可显著提高犊牛血清锌含量，并且蛋氨酸锌组犊牛血清锌浓度比氧化锌组高 9.76%。梁鸿雁等（2006）研究表明日粮添加锌时可显著增加獭兔血清锌含量。成廷水（2006）研究表明日粮添加 30 mg/kg、60 mg/kg、90 mg/kg 或 120 mg/kg 氨基酸锌显著提高了肉仔鸡血清和胫骨锌浓度。付志欢等（2019）研究发现，与一水硫酸锌组相比，日粮中添加肠溶性甘氨酸锌可增加罗非鱼血清的锌含量，以上研究结论均与本试验结果一致。本试验条件下，日粮添加蛋氨酸锌和氧化锌对犊牛血清铜和铁含量无显著影响，Jia 等（2009）研究同样表明，补锌后羔羊血清铜和铁含量无显著变化。此外，日粮添加蛋氨酸锌和氧化锌对犊牛血清钙、镁和磷浓度均无显著影响，Garg 等（2008）研究也表明，补锌并不会影响羔羊的血清钙、镁和磷含量。由此推断，相较于氧化锌，犊牛对蛋氨酸锌的吸收利用效果更好，并且日粮中添加 457 mg/d 蛋氨酸锌或 104 mg/d 氧化锌对犊牛铜、铁、钙、镁、磷等微量元素代谢无负面影响。

8.4.2 不同锌源对犊牛血清中锌代谢相关酶的影响

犊牛血清中存在着多种与锌代谢相关的酶。ALP 是可将核酸、蛋白和生物碱等底物去磷酸化的酶，即通过水解磷酸单酯去除底物分子上的磷酸基团，并生成磷酸根离子和自由的羟基（张纯等，2006）。张纯等（2006）研究表明，日粮中添加不同锌源对仔猪血清 ALP 活性无显著影响。SOD 是一种具有抗氧化作用的锌依赖酶，对于清除超氧阴离子自由基起到重要作用，也是评定抗氧化能力的重要标志（Liu 等，2015）。ALP 和 SOD 都是含锌金属酶，只有在锌严重缺乏时其活性才会显著降低（Wielgus 等，2019）。本试验结果显示，日粮添加氧化锌或蛋氨酸锌对犊牛血清的 SOD 活性和 ALP 活性均无显著影响，说明日粮每日添加 80 mg 锌不会通过影响锌依赖酶来改变犊牛锌代谢。GSH-Px 是一种过氧化物分解酶，可通过催化反应将有毒的过氧化物进行还原（Ma 等，2014）。MDA 是生物体内自由基作用于脂质发生过氧化反应的氧化终产物，会引起蛋白质、核酸等生命大分子的交联聚合，具有细胞毒性，浓度越高，机体抗氧化力越低（Metzler 等，2013）。胡雄贵等（2017）研究表明，育肥长白猪日粮中添加 80 mg/kg 蛋氨酸锌对血清中 GSH-PX、SOD 和 MDA 含量无显著影响。本研究中日粮添加氧化锌或蛋氨酸锌对犊牛血清中 SOD、GSH-PX 和 MDA 均无显著影响，可能与饲喂时间较短有关。

ACE 是一种对心血管系统发育和结构重塑、电解质和体液平衡的调节具有重要作用的锌依赖型羧二肽酶（陈巾宇，2016），缺锌会导致 ACE 活性显著降低（Stallard 等，1997）。5′-NT 是一种血管扩张剂（Airas 等，1997；Resta 等，1998；Moriwaki 等，1999），对缺锌再补锌反应敏感，其活性与机体锌水平密切相关（黄艳玲，2008）。黄艳玲等（2008）研究发现肉仔鸡血浆 5′-NT 活性随日粮锌水平增加呈二次显著变化。MT 可与多种金属相结合，通常情况下结合锌（Haq 等，2003），并参与机体蛋白代谢，维持金属平衡，促进细胞分化（Miles 等 2000；Formigari 等，2007；Nielsen 等，2006）。吴睿等（2011）的研究表明肉鸡日粮中添加 150 mg/kg 硫酸锌可显著提高十二指肠 MT 含量。本试验结果显示，日粮添加 457 mg/d 蛋氨酸锌或 104 mg/d 氧化锌对犊牛血清 ACE、5′-NT 和 MT 活性均无显著影响，这可能与试验期相对较短有关。综上所述，本试验条件下的锌添加剂量对犊牛锌代谢无负面影响。

8.4.3 不同锌源对犊牛粪便中微量元素含量的影响

饲喂犊牛的牛奶及饮用水中的矿物元素含量相较于开食料中的矿物元素含量甚微，但由于新生犊牛对开食料的采食较少，有必要进行外源补充锌元素。日粮中不能被犊牛吸收的矿物元素会随粪便排出，不仅会造成资源的浪费，还会造成环境污染。本研究中，与对照组相比，犊牛日粮中添加蛋氨酸锌或氧化锌后，粪便中锌含量有升高的趋势，并且氧化锌组比蛋氨酸锌组高9.47%。说明无论日粮添加何种来源锌均可引起锌排泄量的增加。同时对照血清中锌含量结果可见，采食相同剂量锌元素时，蛋氨酸组犊牛血清中锌元素含量高于氧化锌组，而粪便排泄物中锌含量则低于氧化锌组，说明犊牛对蛋氨酸锌的吸收效果优于氧化锌，表明相比无机锌，有机锌具有更高的生物学效价。除相对较高的生物利用率外，反刍动物对有机锌的吸收和利用也有所提升，特别是锌与氨基酸结合后更是如此（Nayeri 等，2014；Ishaq 等，2018）。Garg 等（2008）研究发现蛋氨酸锌可有效提高羔羊的生长性能，Pal 等（2010）进一步研究证明，由于肠道吸收的增加和粪便排泄的减少，蛋氨酸锌的补充有效地促进母羊胃肠道发育，表明蛋氨酸锌的利用率更高。李垚等（2016）研究发现，与无机锌元素组相比，小肽螯合锌有降低仔猪粪便锌含量的趋势，与本研究结果一致。孙晓光（2009）研究结果显示，与日粮添加硫酸锌组相比，日粮添加氨基酸螯合锌不仅可显著减少育肥猪粪便锌元素的排泄量，还能有效降低铜和铁元素的排泄量，本试验条件下，日粮添加蛋氨酸锌或氧化锌对犊牛粪便铜和铁含量无显著影响。铜和锌在动物体内属于两种相互拮抗的微量元素，表明日粮补充锌元素并未干扰铜元素的吸收。另外，铁和锌在动物体内可能存在共同的吸收机制（NRC，2001），表明本试验剂量下的蛋氨酸锌和氧化锌可能不足以影响犊牛对铁元素的吸收。综上所述，日粮添加不同来源锌对铜和铁元素无负面影响，同时日粮添加蛋氨酸锌可相对提高犊牛对锌的利用率，对缓解犊牛养殖造成的环境污染具有重要意义。

8.5 小结

本试验条件下，日粮中添加 457 mg/d 蛋氨酸锌或 104 mg/d 氧化锌对犊牛铜、铁、钙、镁、磷等微量元素代谢无负面影响。给出生前两周的犊牛每日补充 80 mg 锌对其血清中锌代谢相关酶的活性无影响。同氧化锌组相比，蛋氨酸锌组犊牛血清中锌含量显著提高，而粪便中锌含量无显著差异，说明有机锌的吸收率高于无机锌。

9 结论与建议

新生犊牛因胃肠道系统发育不完全、免疫功能尚未完全建立，15日龄前的腹泻发生率可达 14.10%，死亡率达 8.03%，极大地影响了牧场的经济效益。有效预防与缓解腹泻的发生，对犊牛健康、成年后生产性能的发挥以及养牛业的发展至关重要。

锌是机体所需的重要微量元素，具有提高免疫、抗炎症和抗氧化等多种生理功能。在畜牧生产中，Poulsen 首次提出 3 000 mg/kg 氧化锌可以有效缓解仔猪断奶应激引起的腹泻发生，并促进其生长。之后大量研究也证实，高剂量氧化锌（2 000~4 000 mg/kg）在缓解断奶仔猪腹泻和促进生长方面具有较好效果。然而高剂量氧化锌的使用，存在着大量未吸收锌离子随粪便进入环境，导致环境污染等问题。2017 年我国新修订的《饲料添加剂安全使用规范》明确禁止了高锌的使用，要求犊牛日粮中锌添加量低于 180 mg/kg。然而，现有养殖标准中，对于犊牛日粮中锌的适宜添加量尚不明确，有待于进一步研究。鉴于此，本书中涉及的研究，探明了新生犊牛中锌添加剂使用的最佳剂量，并且进一步研究不同锌源添加剂对新生犊牛生长性能、腹泻率、血液指标、肠道屏障功能和直肠微生物菌群等影响，为生产中指导锌在犊牛早期饲养中的科学应用提供理论依据。

本书中的研究表明，首先，新生犊牛日粮添加 80 mg Zn/d 的氧化锌可以显著提高新生犊牛 1~14 d 的生长性能，降低腹泻率，改善血清的抗氧化性能，并且提高血清和粪便中的锌含量；新生犊牛日粮添加氧化锌可以提高血清中免疫球蛋白水平，随着氧化锌剂量增加能够提高直肠内乳酸菌的含量。综合锌的添加剂量和作用效果而言，锌的最适添加剂量为 80 mg Zn/d；进一步的研究表明，80 mg Zn/d 的氧化锌和蛋氨酸锌均能提高新生犊牛 1~14 d 的生长性能，并能降低腹泻率，降低犊牛血清中 INS 含量，提高血清免疫球蛋白的水平；1~14 d 内犊牛直肠微生物组成不受锌源的影响，但随犊牛年龄的增长而发生显著变化。锌添加剂能有效降低腹泻率，提高组织锌积累和空肠锌吸收转运；此外，蛋氨酸锌能够改善犊牛肠道屏障功能，提高空肠黏膜紧密连接蛋白的 mRNA 表达量；不同锌源能提高组织锌积累水平和提高空肠锌转运蛋白水平，且蛋氨酸锌的生物利用率高于氧化锌。

本书内容的主要创新点在于研究并确定了新生犊牛日粮中最适锌添加剂量为 80 mg/d，并通过比较发现蛋氨酸锌的生物利用率高于氧化锌；采用 16S rRNA 基因测序技术研究了 1 ~ 14 日龄犊牛直肠微生物菌群结构，揭示了新生犊牛直肠微生物菌群变化规律，并从肠道上皮屏障角度，探究低剂量蛋氨酸锌和氧化锌两种锌源缓解新生犊牛腹泻的肠道内机制。

然而，目前锌在犊牛上的主要研究还局限于整体和器官上，仍需要深入细胞和分子的层面，进一步揭示不同锌源在肠道的具体作用通路；蛋氨酸锌作为锌和蛋氨酸的络合物，二者具体贡献不明；不同锌源对直肠微生物没有显著作用，说明锌促生长和缓解腹泻的作用机制可能不在于改变肠道微生物结构，其作用机制有待于进一步研究。

综上所述，本书中的研究揭示了犊牛日粮中不同锌源对缓解新生犊牛腹泻的免疫调控机制，对于推广犊牛生产中新型锌添加剂的应用，减少抗生素的使用并且控制重金属污染具有重要的指导意义。

缩写词表

英文缩写	英文全称	中文名称
ADF	Acid detergent fiber	酸性洗涤纤维
ADFI	Average daily feed intake	平均日采食量
ADG	Average daily gain	平均日增重
ALP	Alkaline phosphatase	碱性磷酸酶
BGLB	Brilliant green lactose bile	煌绿乳糖胆盐
BSS	Bristol stool index	布里斯托大便指数
CCK	Cholecystokinin	胆囊收缩素
CFTR	Cystic fibrosis transmembrane conductance regulator	囊性纤维化跨膜传导调节因子
cGMP	Cyclic guanosine monophosphate	环磷酸鸟苷
cGK II	cGMP-dependent protein kinase II	cGMP 依赖性蛋白激酶 II
CP	Crude protein	粗蛋白质
CTAB	Cetyl trimethyl ammonium bromide	十六烷基三甲基溴化铵
DAO	Diamine oxidase	二胺氧化酶
DM	Dry matter	干物质
DMI	Dry matter intake	干物质摄入量
EE	Ether extract	乙醚提取物
ELISA	Enzyme-link immunosorbent assay	酶联免疫吸附法
ERK	Extracellular signal-regulated kinases	胞外信号调节激酶
ETEC	Enterotoxigenic Escherichia coli	产肠毒素型大肠杆菌
F/G	Feed : Gain	饲料转化率
GAS	Gastrin	胃泌素
GH	Growth hormone	生长激素
GHRL	Ghrelin	饥饿素
GSH-Px	Glutathione peroxidase	谷胱甘肽过氧化物酶
ICP-MS	Inductively coupled plasma mass spectrometry	电感耦合等离子体质谱法

英文缩写	英文全称	中文名称
Ig	Immunoglobulin	免疫球蛋白
IL	Interleukin	白介素
INS	Insulin	胰岛素
IGF-1	Insulin-like growth factor-1	胰岛素样生长因子-1
JNK	c-jun N-terminal kinase	c-jun 氨基末端激酶
LT	Heat labile enterotoxin	不耐热肠毒素
MDA	Malondialdehyde	丙二醛
MT	Metallothionein	金属硫蛋白
MUC	Mucin	黏蛋白
NDF	Neutral detergent fiber	中性洗涤纤维
NF-κB	Nuclear factor kappa-B	核转录因子 κB
OTU	Operational taxonomic units	分类单位
p38	p38 mitogen activated protein kinase	p38 丝裂原激活蛋白激酶
PFC	Plaque formation reaction	空斑形成反应
S-IgA	Secretory immunoglobulin A	分泌型 Ig A
SLC	Solute carrier 30	溶质载体30
SOD	Superoxide dismutase	超氧化物歧化酶
SS	Somatostatin	生长抑素
ST	Heat-resistant enterotoxin	耐热肠毒素
TD	Thymus-dependence	胸腺依赖
TI	Thymus-independent	非胸腺依赖
VRBA	Crystal violet neutral red bile salt agar	结晶紫中性红胆盐琼脂
Zn-Met	Zinc methionine	蛋氨酸锌
ZnO	Zinc oxide	氧化锌
ZnT	Zinc transporter	锌转运蛋白
ZIP	ZRT-IRT-like protein 4	ZRT-IRT 样蛋白

参考文献

白彦，2010. 不同锌源及水平对商品肉兔生长性能及组织锌沉积的影响［D］. 杨凌：西北农林科技大学.

白家驷，吴水冰，1994. 锌在吞噬细胞免疫功能中的作用［J］. 上海免疫学杂志（3）：142-144.

包雨鑫，2020. 犊牛腹泻病因分析与防治方法［J］. 中国畜禽种业，16（12）：105-106.

蔡秋，张明忠，刘康书，等，2012. 饲粮添加铜、铁和锌对牛组织和血液铅和镉含量的影响［J］. 动物营养学报，24（3）：571-576.

陈巾宇，2008. 肥胖模型大鼠锌代谢和锌营养状态指标的检测及其意义［D］. 长春：吉林大学.

陈亮，何小佳，李莹，等，2008. 长期饲喂高锌日粮对断奶仔猪免疫机能的影响［J］. 动物医学进展，29（7）：39-43.

陈娜娜，马莲香，侯川川，等，2017. 蛋氨酸锌对蛋鸡生产性能、肠道形态、组织学结构及盲肠微生物菌群的影响［J］. 中国畜牧杂志，53（9）：102-108.

成廷水，2004. 氨基酸锌对蛋鸡免疫和抗氧化功能的调节作用及其应用研究［D］. 北京：中国农业大学.

崔银雪，敖日格乐，王纯洁，等，2020. 致病性大肠杆菌诱发腹泻对犊牛早期肠道黏膜通透性及免疫功能的影响［J］. 黑龙江畜牧兽医（23）：16-19.

范炜，殷红，李春风，等，2013. 胰岛素样生长因子 1 调节生长发育的研究进展［J］. 黑龙江畜牧兽医（1）：19-22.

付志欢，林雪，舒绪刚，等，2019. 不同锌源对吉富罗非鱼生长性能、血清生化指标、血清和肝胰脏中微量元素含量的影响［J］. 动物营养学报，31（8）：3690-3698.

郝丽媛，2018. 不同锌源对新生犊牛生长性能、机体锌代谢及直肠微生物的影响［D］. 北京：中国农业科学院.

郝丽媛，马峰涛，魏婧雅，等，2018. 不同锌源对新生犊牛生长性能、血清激素及免疫指标的影响［J］. 动物营养学报，30（8）：3026-3032.

何洪约，1992. 高锌饲粮能减少断奶仔猪腹泻和提高日增重［J］. 养猪（1）：34.

胡彩虹，钱仲仓，刘海萍，等，2012. 高锌对早期断奶仔猪肠黏膜屏障和肠上皮细胞紧密连接蛋白表达的影响［J］. 畜牧兽医学报，40（11）：1638-1644.

胡雄贵，彭英林，陈晨，等，2017. 氨基酸螯合锌对长白猪生产性能和抗氧化性能的影响 [J]. 家畜生态学报，38（9）：40-43.

黄艳玲，吕林，李素芬，等，2008. 0~21日龄肉仔鸡饲粮中锌适宜水平研究 [J]. 畜牧兽医学报，39（7）：900-906.

简志银，刘镜，夏林，2020. 犊牛腹泻的病因、临床症状及防治措施 [J]. 上海畜牧兽医通讯（6）：39-41.

雷东风，2010. 不同形式和水平的锌、铜对仔猪的影响 [D]. 郑州：河南农业大学.

冷静，戴志明，杨国明，等，2005. 日粮锌水平对断奶仔猪免疫球蛋白及补体变化的影响探讨 [J]. 中国畜牧杂志，41（11）：20-22.

李垚，李玲，苏全，等，2016. 小肽螯合铜、铁、锰、锌、硒对仔猪生长性能及代谢影响 [J]. 东北农业大学学报，47（2）：46-53.

梁鸿雁，高宏伟，李淑珍，2006. 不同锌与维生素A水平对獭兔锌代谢的影响 [J]. 黑龙江八一农垦大学学报（1）：50-53.

林红英，陈进军，吴丽敏，2006. 微量元素锌在畜禽养殖中的作用 [J]. 中国农学通报，22（2）：21-24.

刘钢，单安山，2011. 蛋氨酸锌在奶牛生产中的应用 [J]. 中国畜牧兽医，38（5）：27-30.

刘信艳，吴蕴棠，孙忠，等，2013. 锌对高糖高脂饲料喂养大鼠胰岛素敏感性影响 [J]. 中国公共卫生，29（5）：691-693.

刘翠艳，淡秀荣，左龙，2014. 蛋氨酸锌在反刍动物生产中的应用 [J]. 中国牛业科学，40（5）：41-43.

吕广宙，陆治年，丁晓明，1995. 低锌日粮补锌对断奶前后犊牛免疫机能的影响 [J]. 畜牧兽医学报，26（3）：207-213.

吕航，2016. 高锌对断奶仔猪生产性能和肠道健康的影响 [D]. 广州：华南农业大学.

彭秋媛，2016. 维生素A及蛋氨酸锌对断奶仔猪血液抗氧化指标、免疫功能及肠道功能影响 [D]. 大庆：黑龙江八一农垦大学.

彭秋媛，黄大鹏，2016. 维生素A及蛋氨酸锌水平对断奶仔猪生长性能及部分血清抗氧化指标的影响 [J]. 中国畜牧兽医，43（6）：1500-1505.

邱磊，云龙，曹蓉，等，2014. 不同锌源对断奶仔猪生长性能、腹泻及肠道微生物的影响 [C] //中国畜牧兽医学会动物营养学分会，第七届中国饲料营养学术研讨会论文集：183.

师周戈，白元生，2014. 注射微量元素对犊牛健康的影响 [J]. 当代畜牧（30）：45-46.

孙玲，2017. 微生态制剂和蛋氨酸锌及其互作效应对蛋鸡生产性能、蛋品质和抗氧化性能的影响［D］. 长春：沈阳农业大学.

孙晓光, 2009. 日粮添加螯合铜、铁、锰和锌对生长肥育猪增重、胴体特性和矿物元素消化率的影响［D］. 南京：南京农业大学.

王芳, 2011. ETEC 肠毒素 SYBR Green Ⅰ 荧光定量 PCR 检测方法的建立［D］. 杨凌：西北农林科技大学.

王希春, 吴金节, 陈亮, 等, 2010. 高锌日粮对断奶仔猪肠道黏膜免疫及黏膜上皮形态的影响［J］. 中国兽医学报, 30（10）：1371-1376.

王晓秋, 欧德渊, 尹靖东, 等, 2009. 氧化锌对断奶仔猪肠道蛋白质组与氧化凋亡状态的影响［C］// 中国畜牧兽医学会, 中国畜牧兽医学会 2009 学术年会论文集（下册）：40-43.

王竹, 1999. 锌和胰岛素、糖尿病的关系［J］. 国外医学（卫生学分册）（6）：343-347.

魏加波, 2014. 犊牛腹泻的影响因素及防控［J］. 养殖技术顾问（1）：64-65.

吴睿, 张敏红, 冯京海, 等, 2011. 日循环高温对肉鸡组织锌离子浓度及金属硫蛋白含量的影响［J］. 动物营养学报, 23（8）：1273-1279.

许甲平, 鲍宏云, 冯一凡, 2012. 蛋氨酸锌对产蛋鸡产蛋性能和非特异性免疫功能的影响［J］. 饲料工业, 33（20）：58-61.

晏家友, 2011. 新型有机锌添加剂——乳酸锌应用有前景［J］. 农村百事通（8）：34.

杨晋青, 党文庆, 何敏, 等, 2016. 不同锌源及其水平对断奶仔猪性能的影响［J］. 中国畜牧兽医文摘, 32（12）：225-226.

张纯, 陈代文, 丁雪梅, 等, 2006. 不同锌源对断奶仔猪生长性能和血液指标的影响［J］. 西南农业学报, 19（3）：515-518.

张格丽, 李丽立, 1998. 氨基酸金属螯合物在动物营养中的应用效果研究进展［J］. 家畜生态, 19（4）：43-46.

张南南, 王贤玉, 聂月美, 等, 2017. 不同形式的氧化锌对断奶仔猪腹泻的影响及其机制研究概述［J］. 饲料研究（19）：10-14.

张修全, 1988. 动物锌代谢及其在消化系统疾病的临床意义［J］. 贵州畜牧兽医科技（1）：4-5.

赵润梅, 2010. 锌源和锌水平对肉仔鸡生产性能、肠黏膜形态和免疫力的影响［D］. 兰州：甘肃农业大学.

郑家茂, 赵国芬, 许梓荣, 2000. 氧化锌和硫酸锌对仔猪断奶后腹泻率和生长的影响［J］. 饲料工业, 21（7）：11-12.

郑立鑫, 2001. 几种锌源对肉仔鸡作用效果的研究［D］. 哈尔滨：东北农业大学.

周怿, 刁其玉, 屠焰, 等, 2011. 酵母 β-葡聚糖和杆菌肽锌对早期断奶犊牛生长性能和胃肠道发育的影响［J］. 动物营养学报, 23（5）：813-820.

朱海，谢书宇，黄凯，等，2015. 氧化锌抗腹泻机制的探讨 [J]. 黑龙江畜牧兽医 (3)：61-63.

朱世海，2010. 不同水平蛋氨酸锌对羔羊增重的影响 [J]. 青海大学学报，28 (3)：66-68.

朱雯，刘建新，叶均安，2014. 微量元素锌在奶牛中的应用研究进展 [J]. 中国畜牧杂志，50 (15)：83-86.

ABEDINI M, SHARIATMADARI F, KARIMI T M A, et al., 2017. Effects of a dietary supplementation with zinc oxide nanoparticles, compared to zinc oxide and zinc methionine, on performance, egg quality, and zinc status of laying hens [J]. Livestock Science, 203：30-36.

ADEBAYO O L, ADENUGA G A, SANDHIR R, 2016. Selenium and zinc protect brain mitochondrial antioxidants and electron transport chain enzymes following postnatal protein malnutrition [J]. Life Sciences, 152：145-155.

ANDREWS G K, 2008. Regulation and function of Zip4, the acrodermatitisenteropathica gene [J]. Biochemical Society Transactions, 36 (6)：1242-1246.

AL ALO K Z K, NIKBAKHT B G, LOTFOLLAHZADEH S, et al., 2018. Correlation between neonatal calf diarrhea and the level of maternally derived antibodies. [J]. Iranian Journal of Veterinary Research, 19 (1)：3-8.

AIRAS L, NIEMELÄ J, SALMI M, et al., 1997. Differential regulation and function of CD73, a glycosyl-phosphatidylinositol-linked 70-kD adhesion molecule, on lymphocytes and endothelial cells [J]. Journal of Cell Biology, 136 (2)：421-431.

ARRAYET J L, OBERBAUER A M, FAMULA T R, et al., 2002. Growth of Holstein calves from birth to 90 days：the influence of dietary zinc and BLAD status [J]. Journal of Animal Science, 80 (3)：545-552.

BAO Y, CHOCT M, IJI P, et al., 2009. Optimal dietary inclusion of organically complexed zinc for broiler chickens [J]. British Poultry Science, 50 (1)：95-102.

BARTELS C J M, HOLZHAUER M, JORRITSMA R, et al., 2010. Prevalence, prediction and risk factors of enteropathogens in normal and non-normal faeces of young Dutch dairy calves [J]. Preventive Veterinary Medicine, 93 (2-3)：162-169.

BEDNORZ C, OELGESCHLAGER K, KINNEMANN B, et al., 2013. The broader context of antibiotic resistance：zinc feed supplementation of piglets increases the proportion of multi-resistant *Escherichia coli in vivo* [J]. International Journal of Medical Microbiology, 303 (6-7)：396-403.

BERNI C R, BUCCIGROSSI V, PASSARIELLO A, 2011. Mechanisms of action of zinc in acute diarrhea [J]. Current Opinion in Gastroenterology, 27 (1)：8-12.

BHUTTA Z A, BLACK R E, BROWN K H, et al., 1999. Prevention of diarrhea and pneumonia by zinc supplementation in children in developing countries: pooled analysis of randomized controlled trials [J]. The Journal of Pediatrics, 135 (6): 689-697.

BLACK R E, 2003. Zinc deficiency, infectious disease and mortality in the developing world [J]. The Journal of Nutrition, 133 (Suppl 1): 1485S-1489S.

BONAVENTURA P, BENEDETTI G, ALBARèDE F, et al., 2015. Zinc and its role in immunity and inflammation [J]. Autoimmunity Reviews, 14 (4): 277-285.

BRIAN J H, DIRK G, ASHLEE M E, et al., 2011. Chimeric 16S rRNA sequence formation and detection in Sanger and 454-pyrosequenced PCR amplicons [J]. Cold Spring Harbor Laboratory Press, 21 (3): 494-504.

BUTLER M S, 2004. The role of natural product chemistry in drug discovery [J]. Journal of Natural Products, 67 (12): 2141-2153.

CAINE W R, METZLER Z B U, MCFALL M, et al., 2010. Supplementation of diets for gestating sows with zinc amino acid complex and gastric intubation of suckling pigs with zinc-methionine on mineral status, intestinal morphology and bacterial translocation in lipopolysaccharide-challenged early-weaned pigs [J]. Journal of Animal Physiology and Animal Nutrition, 94 (2): 237-249.

CAMPO C A, WELLINGHAUSEN N, FABER C, et al., 2001. Zinc inhibits the mixed lymphocyte culture [J]. Biological Trace Element Research, 79 (1): 15-22.

CANI P D, AMAR J, IGLESIAS M A, et al., 2007. Metabolic endotoxemia initiates obesity and insulin resistance [J]. Annals of Nutrition and Metabolism, 56 (7): 1761-1772.

CAPORASO J G, KUCZYNSKI J, STOMBAUGH J, et al., 2010. QIIME allows analysis of high-throughput community sequencing data [J]. Nature Methods, 7 (5): 335-336.

CARLOS O, IGNACIO G, ARANZAZU G, et al., 2014. Activation and identification of five clusters for secondary metabolites in Streptomyces albus J1074 [J]. Microbial Biotechnology, 7 (3): 242-256.

CASTILLO M, MARTíNORúE S M, TAYLORPICKARD J A, et al., 2008. Use of mannanoligosaccharides and zinc chelate as growth promoters and diarrhea preventative in weaning pigs: effects on microbiota and gut function [J]. Journal of Animal Science, 86 (1): 94-101.

CATALIOTO R M, MAGGI C A, GIULIANI S, 2011. Intestinal epithelial barrier dysfunction in disease and possible therapeutical interventions [J]. Current Medicinal Chemistry, 18 (3): 398-426.

CHABOSSEAU P, RUTTER G A, 2016. Zinc and diabetes [J]. Archives of Biochemistry and Biophysics, 611: 79-85.

CHAGAS J CC, FERREIRA M A, FACIOLA A P, et al. , 2018. Effects of methionine plus cysteine inclusion on performance and body composition of liquid-fed crossbred calves fed a commercial milk replacer and no starter feed [J]. Journal of Dairy Science, 101 (7): 6055-6065.

CHANG M N, WEI J Y, HAO L Y, et al. , 2020. Effects of different types of zinc supplement on the growth, incidence of diarrhea, immune function, and rectal microbiota of newborn dairy calves [J]. Journal of Dairy Science, 103: 6100-6113.

CRASSINI K R, ZHANG E, BALENDRAN S, et al. , 2018. Humoral immune failure defined by immunoglobulin class and immunoglobulin G subclass deficiency is associated with shorter treatment-free and overall survival in chronic lymphocytic leukaemia [J]. British Journal of Haematology, 181 (1): 97-101.

CUNNIGHAM R S, BOCKMAN R S, LIN A, et al. , 1990. Physiological and pharmacological effects of zinc on immune response [J]. Annals of the New York Academy of Sciences, 587: 113-122.

DAVIS S R, COUSINS R J, 2000. Metallothionein expression in animals: A physiological perspective on function [J]. The Journal of Nutrition, 130 (5): 1085-1088.

DENG B, ZHOU X, WU J, et al. , 2017. Effects of dietary supplementation with tribasic zinc sulfate or zinc sulfate on growth performance, zinc content and expression of zinc transporters in young pigs [J]. Animal Science Journal, 88 (10): 1556-1560.

DINGWELL R T, WALLACE M M, MCLAREN C J, et al. , 2006. An evaluation of two indirect methods of estimating body weight in Holstein calves and heifers [J]. Journal of Dairy Science, 89 (10): 3992-3998.

DRESLER S, ILLEK J, ZEMAN L, 2016. Effects of organic zinc supplementation in weaned calves [J]. Acta Veterinaria Brno, 85 (1): 49-54.

DROKE E A, SPEARS J W, ARMSTRONG J D, et al. , 1993. Dietary zinc affects serum concentrations of insulin and insulin-like growth factor i in growing lambs [J]. The Journal of Nutrition, 123 (1): 13-19.

EHRENSTEIN M R, NOTLEY C A, 2010. The importance of natural IgM: scavenger, protector and regulator [J]. Nature Reviews Immunology, 10 (11): 778-786.

EL-ASHRAM S, ABOUHAJER F, EL-KEMARY M, et al. , 2017. Microbial community and ovine host response varies with early and late stages of haemonchus contortus infection [J]. Veterinary Research Communications, 41 (4): 263-277.

ELNOUR H H M, RAHMAN H A, ELWAKEEL S A, 2010. Effect of zinc-methionine supplementation on reproductive performance, kid's performance, minerals profile and milk quality in early lactating Baladi goats [J]. World Applied Sciences Journal, 9 (3): 275-282.

EL-SEEDY F R, ABED A H, YANNI H A, et al. , 2016. Prevalence of *salmonella* and *E. coli* in neonatal diarrheic calves [J]. Beni-Suef University Journal of Basic and Applied Sciences, 5 (1): 45-51.

FAIRBROTHER J M, NADEAU E, GYLES C L, 2005. Escherichia coli in post-weaning diarrhea in pigs: an update on bacterial types, pathogenesis, and prevention strategies [J]. Animal Health Research Reviews, 6 (1): 17-39.

FELDMANN H R, WILLIAMS D R, CHAMPAGNE J D, et al. , 2019. Effectiveness of zinc supplementation on diarrhea and average daily gain in pre-weaned dairy calves: a double-blind, block-randomized, placebo-controlled clinical trial [J]. PLOS ONE, 14 (7): e0219321.

FLETCHER M P, 1986. Immune function in the elderly [J]. Frontiers of Radiation Therapy and Oncology [J]. 20: 38-44.

FLINT H J, SCOTT K P, DUNCAN S H, et al. , 2012. Microbial degradation of complex carbohydrates in the gut [J]. Gut Microbes, 3 (4): 289-306.

FORMIGARI A, IRATO P, SANTON A, 2007. Zinc, antioxidant systems and metallothionein in metal mediated-apoptosis: Biochemical and cytochemical aspects [J]. Comparative Biochemistry and Physiology, Part C, 146 (4): 443-459.

FOSTER D M, SMITH G W, 2009. Pathophysiology of diarrhea in calves [J]. The Veterinary Clinics of North America Food Animal Practice, 25 (1): 13-36.

FRANZ J, MILON A, SALMON H, 1982. Synthesis of immunoglobulins IgG, IgM and IgA during the ontogeny of foetal pigs [J]. Acta Veterinaria Brno, 51 (1-4): 23-30.

GALYEAN M L, MALCOLM C K J, GUNTER S A, et al. , 1995. Effect of zinc source and level and added copper lysine in the receiving diet on performance by growing and finishing steers [J]. The Professional Animal Scientist, 11 (3): 139-148.

GAREAU M G, BARRETT K E, 2013. Fluid and electrolyte secretion in the inflamed gut: novel targets for treatment of inflammation-induced diarrhea [J]. Current Opinion in Pharmacology, 13 (6): 895-899.

GARG A K, MUDGAL V, DASS R S, 2008. Effect of organic zinc supplementation on growth, nutrient utilization and mineral profile in lambs [J]. Animal Feed Science & Technology, 144 (1-2): 82-96.

GAWEŁ S, WARDAS M, NIEDWOROK E, et al. , 2004. Malondialdehyde (MDA) as a lipid peroxidation marker [J]. Wiad Lek, 57 (9-10): 453-455.

GENTHER S O N, BRANINE M E, HANSEN S L, 2018. Effects of increasing supplemental dietary Zn concentration on growth performance and carcass characteristics in finishing steers fed ractopamine hydrochloride [J]. Journal of Animal Science, 96 (5):

1903-1913.

GIEDT E J, STEP D L, 2015. Calf scours treatment: best start is prevention [J]. Ohio Farmer, 133 (4): 5.

GLOVER A D, PUSCHNER B, ROSSOW H A, et al., 2013. A double-blind block randomized clinical trial on the effect of zinc as a treatment for diarrhea in neonatal Holstein calves under natural challenge conditions [J]. Preventive Veterinary Medicine, 112 (3-4): 338-347.

GONG J, NI L, WANG D, et al., 2014. Effect of dietary organic selenium on milk selenium concentration and antioxidant and immune status in midlactation dairy cows [J]. Livestock Science, 170: 84-90.

GRAHAM T W, BREHER J E, FARVER T B, et al., 2010. Biological markers of neonatal calf performance: the relationship of insulin-like growth factor-I, zinc, and copper to poor neonatal growth [J]. Journal of Animal Science, 88 (8): 2585-2593.

GARG A K, MUDGAL V, DASS R S, 2008. Effect of organic zinc supplementation on growth, nutrient utilization and mineral profile in lambs [J]. Animal Feed Science and Technology, 144 (1-2): 82-96.

GRAY J, MARSH P J, STEWART D, et al., 1994. *Enterococcal bacteraemia*: a prospective study of 125 episodes [J]. Journal of Hospital Infection, 27 (3): 179-86.

HAASE H, OVERBECK S, RINK L, 2008. Zinc supplementation for the treatment or prevention of disease: current status and future perspectives [J]. Experimental Gerontology, 43 (5): 394-408.

HAQ F, MAHONEY M, KOROPATNICK J, 2003. Signaling events for metallothionein induction [J]. Mutation Research-Fundamental and Molecular Mechanisms of Mutagenesis, 533 (1): 211-226.

HEO J M, KIM J C, HANSEN C F, et al., 2010. Effects of dietary protein level and zinc oxide supplementation on the incidence of post-weaning diarhoea in weaner pigs challenged with an enterotoxigenic strain of *Escherichia coli* [J]. Livestock Science, 133 (1): 210-213.

HEINRICHS A J, HEINRICHS B S, 2011. A prospective study of calf factors affecting first-lactation and lifetime milk production and age of cows when removed from the herd [J]. Journal of Dairy Science, 94 (1): 336-341.

HEMPE J M, COUSINS R J, 1989. Effect of EDTA and zinc methionine complex on zinc absorption by rat intestine [J]. The Journal of Nutrition, 119 (8): 1179-1187.

HILL G M, MAHAN D C, JOLLIFF J S, 2014. Comparison of organic and inorganic zinc sources to maximize growth and meet the zinc needs of the nursery pig [J]. Journal of Animal Science, 92 (4): 1582-1594.

HILL G M, MAHAN D C, CARTER S D, et al. , 2001. Effect of pharmacological con-
centrations of zinc oxide with or without the inclusion of an antibacterial agent on nursery
pig performance [J]. Journal of Animal Science, 79 (4): 934-941.

HILL T M, II H G B, ALDRICH J M, et al. , 2008. Optimal concentrations of lysine,
methionine, and threonine in milk replacers for calves less than five weeks of age [J].
Journal of Dairy Science, 91 (6): 2433-2442.

HOJBERG O, CANIBE N, POULSEN H D, et al. , 2005. Influence of dietary zinc oxide
and copper sulfate on the gastrointestinal ecosystem in newly weaned piglets [J]. Ap-
plied & Environmental Microbiology, 71 (5): 2267-2277.

HU C H, GU L Y, LUAN Z S, et al. , 2012. Effects of montmorillonite-zinc oxide hybrid
on performance, diarrhea, intestinal permeability and morphology of weanling pigs [J].
Animal Feed Science and Technology, 177 (1-2): 108-115.

HU C H, XIAO K, SONG J, et al. , 2013. Effects of zinc oxide supported on zeolite on
growth performance, intestinal microflora and permeability, and cytokines expression of
weaned pigs [J]. Animal Feed Science & Technology, 181 (1-4): 65-71.

HU C, SONG J, YOU Z, et al. , 2012. Zinc oxide-montmorillonite hybrid influences di-
arrhea, intestinal mucosal integrity and digestive enzyme activity in weaned pigs [J].
Biological Trace Element Research, 149 (2): 190-196.

HUANG D P, HU Q L, FANG S L, et al. , 2016. Dosage effect of zinc glycine chelate on
zinc metabolism and gene expression of zinc transporter in intestinal segments on rat
[J]. Biological Trace Element Research, 171 (2): 363-370.

ISHAQ S L, PAGE C M, YEOMAN C J, et al. , 2019. Zinc AA supplementation alters
yearling ram rumen bacterial communities but zinc sulfate supplementation does not [J].
Journal of Animal Science, 97 (2): 687-697.

JANKOWSKI J, KUBIŃSKA M, ZDUŃCZYK Z, 2014. Nutritional and immunomodulatory
function of methionine in poultry diets a review [J]. Annals of Animal Science, 2014,
14 (1): 17-32.

JENSEN W M, MELIN L, LINDBERG R, et al. , 1998. Dietary zinc oxide in weaned
pigs-effects on performance, tissue concentrations, morphology, neutrophil functions an
faecal microflora [J]. Research in Veterinary Science, 64 (3): 225-231.

JIA W, ZHU X, ZHANG W, et al. , 2009. Effects of source of supplemental zinc on per-
formance, nutrient digestibility and plasma mineral profile in cashmere goats [J]. Asi-
an Australasian Journal of Animal Sciences, 22 (12): 1648-1653.

JURGEN Z, WILFRIED V, 2015. Effects of zinc oxide on intestinal microbiota [J]. Pig
Progress, 31 (2): 24-26.

KAGI J H, SCHAFFER A, 1998. Biochemistry of metallothionein [J]. Biochemistry,

27 (23): 8509-8515.

KAHRSTROM C T, PARIENTE N, WEISS U, 2016. Intestinal microbiota in health and disease [J]. Nature, 535 (7610): 47.

KARAMOUZ H, SHAHRIYAR H A, GORBANI A, et al., 2010. Effect of zinc oxide supplementation on some serum biochemical values in male broilers [J]. Global Veterinaria, 4 (2): 108-111.

KEEN C, 1990. Zinc deficiency and immune function [J]. Annual Review of Nutrition, 10 (1): 415-431.

KEGLEY E B, SILZELL S A, KREIDER D L, et al., 2001. The immune response and performance of calves supplemented with zinc from an organic and an inorganic source [J]. Professional Animal Scientist, 17 (1): 33-38.

KIM Y S, MILNER J A, 2007. Dietary modulation of colon cancer risk [J]. The Journal of Nutrition, 137 (11 Suppl): 2576S-2579S.

KIM H S, WHON T W, SUNG H, et al., 2021. Longitudinal evaluation of fecal microbiota transplantation for ameliorating calf diarrhea and improving growth performance [J]. Nature Communications, 12 (1): 161.

KIM S J, KWON C H, PARK B C, et al., 2015. Effects of a lipid-encapsulated zinc oxide dietary supplement, on growth parameters and intestinal morphology in weanling pigs artificially infected with *Enterotoxigenic Escherichia coli* [J]. Journal of Animal Science and Technology, 57 (1): 4.

KINCAID R L, CHEW B P, CRONRATH J D, 1997. Zinc oxide and amino acids as sources of dietary zinc for calves: effects on uptake and immunity [J]. Journal of Dairy Science, 80 (7): 1381-1388.

KULKARNI H, MAMTANI M, PATEL A, 2012. Roles of zinc in the pathophysiology of acute diarrhea [J]. Current Infectious Disease Reports, 14 (1): 24-32.

LEARN H L, NURULLHUDDA Z, ADZZIE S A, et al., 2014. Diversity and antimicrobial activities of actinobacteria isolated from tropical mangrove sediments in malaysia [J]. The Scientific World Journal, 8 (5): 698178.

LI B T, VAN K A G, CAINE W R, et al., 2001. Small intestinal morphology and bacterial populations in ileal digesta and feces of newly weaned pigs receiving a high dietary level of zinc oxide [J]. Canadian Journal of Animal Science, 81 (4): 511-516.

LI L L, GONG Y J, ZHAN H Q, et al., 2019. Effects of dietary Zn-methionine supplementation on the laying performance, egg quality, antioxidant capacity, and serum parameters of laying hens [J]. Poultry Science, 98: 923-931.

LI X L, YIN J D, LI D F, et al., 2006. Dietary supplementation with zinc oxide increases IGF-I and IGF-I receptor gene expression in the small intestine of weanling piglets

[J]. The Journal of Nutrition, 136 (7): 1786-1791.

LIBERATO S C, SINGH G, MULHOLLAND K, 2015. Zinc supplementation in young children: a review of the literature focusing on diarrhoea prevention and treatment [J]. Churchill Livingstone, 34 (2): 181-188.

LIN P P, HSIEH Y M, TSAI C C, 2009. Antagonistic activity of *Lactobacillus acidophilus* RY2 isolated from healthy infancy feces on the growth and adhesion characteristics of *Enteroaggregative Escherichia coli* [J]. Anaerobe, 15 (4): 122-126.

LIU Q, ZHOU Y F, DUAN R J, et al., 2015. Effects of dietary n-6: n-3 fatty acid ratio and vitamin E on Semen quality, fatty acid composition and antioxidant status in boars [J]. Animal Reproduction Science, 162: 11-19.

LONG L, CHEN J, ZHANG Y, et al., 2017. Comparison of porous and nano zinc oxide for replacing high-dose dietary regular zinc oxide in weaning piglets [J]. PLOS ONE, 12 (8): e0182550.

LüCKE R, BENZ R, KRAUS H, 1996. Influence of zinc and selenium deficiency on parameters relating to thyroid hormone metabolism [J]. Hormone and Metabolic Research, 28 (5): 223-226.

MA F T, WO Y Q L, LI H Y, et al., 2020. Effect of the source of zinc on the tissue accumulation of zinc and jejunal mucosal zinc transporter expression in Holstein dairy calves [J]. Animals, 10 (8): 1246.

MA T, VILLOT C, VILLOT C, et al., 2020. Linking perturbations to temporal changes in diversity, stability, and compositions of neonatal calf gut microbiota: prediction of diarrhea [J]. International Society for Microbial Ecology, 14 (9): 2223-2235.

MA Y, HUANG Q, LV M, et al., 2014. Chitosan-Zn chelate increases antioxidant enzyme activity and improves immune function in weaned piglets [J]. Biological Trace Element Research, 158 (1): 45-50.

MAARES M, HAASE H, 2016. Zinc and immunity: an essential interrelation [J]. Archives of Biochemistry and Biophysics, 611: 58-65.

MAGOĆ T, SALZBERG S L, 2011. FLASH: fast length adjustment of short reads to improve genome as Semblies [J]. Bioinformatics, 27 (21): 2957-2963.

MALIK R K, MONTECALVO M A, REALE M R, et al., 1999. Epidemiology and control of vancomycin-resistant enterococci in a regional neonatal intensive care unit [J]. Pediatric Infectious Disease Journal, 18 (4): 352-356.

MALMUTHUGE N, LIANG G, GRIEBEL P J, et al., 2019. Taxonomic and functional composition of the small intestinal microbiome in neonatal calves provide a framework for understanding early life gut health [J]. Applied and Environmental Microbiology, 85 (6): e02534.

MANDAL G P, DASS R S, GARG A K, et al. , 2008. Effect of zinc supplementation from inorganic and organic sources on growth and blood biochemical profile in crossbred calves [J]. Journal of Animal & Feed Sciences, 17 (2): 147-156.

MARCONDES M I, PEREIRA T R, CHAGAS J C C, et al. , 2016. Performance and health of Holstein calves fed different levels of milk fortified with symbiotic complex containing pre-and probiotics [J]. Tropical Animal Health & Production, 48 (8): 1-6.

MARET W, SANDSTEAD H H, 2006. Zinc requirements and the risks and benefits of zinc supplementation [J]. Journal of Trace Elements in Medicine & Biology Organ of the Society for Minerals & Trace Elements, 20 (1): 3.

MARIANNA R, ALBERTO F, IVANA G, et al. , 2003. Zinc oxide protects cultured enterocytes from the damage induced by *Escherichia coli* [J]. Journal of Nutrition, 133 (12): 4077-4082.

MATTIOLI G A, ROSA D E, TURIC E, et al. , 2018. Effects of copper and zinc supplementation on weight gain and hematological parameters in pre-weaning calves [J]. Biological Trace Element Research, 185 (7): 327-331.

MAYER M, ABENTHUM A, MATTHES J M, et al. , 2012. Development and genetic influence of the rectal bacterial flora of newborn calves [J]. Veterinary Microbiology, 161 (1-2): 179-185.

MCNEELEY D F, BROWN A E, NOEL G J, et al. , 1998. An investigation of vancomycin-resistant Enterococcus faecium within the pediatric service of a large urban medical center [J]. The Pediatric Infectious Disease Journal, 17 (3): 184-188.

METZLER-ZEBELI B U, HOLLMANN M, SABITZER S, et al. , 2013. Epithelial response to high-grain diets involves alteration in nutrient transporters and $Na^+/K^+-ATPase$ mRNA expression in rumen and colon of goats [J]. Journal of Animal Science, 91 (9): 4256-4266.

MILES A T, HAWKSWORTH G M, BEATTIE J H, et al. , 2000. Induction, regulation, degradation, and biological significance of mammalian metallothioneins [J]. Critical Reviews in Biochemistry and Molecular Biology, 35 (1): 35-70.

MOCCHEGIANI E, COSTARELLI L, GIACCONI R, et al. , 2011. Zinc, metallothioneins and immunosenescence: effect of zinc supply as nutrigenomic approach [J]. Biogerontology, 12 (5): 455-465.

MORIWAKI Y, YAMAMOTO T, HIGASHINO K, 1999. Enzymes involved in purine metabolism-a review of histochemical localization and functional implications [J]. Histology & Histopathology, 14 (4): 1321.

MILLER H M, TOPLIS P, SLADE R D, 2009. Can outdoor rearing and increased weaning age compensate for the removal of in-feed antibiotic growth promoters and zinc oxide

[J]. Livestock Science, 125 (2-3): 121-131.

MILLS C F, DALGARNO A C, WILLIAMS R B, 1967. Zinc deficiency and the zinc requirements of calves and lambs [J]. British Journal of Nutrition, 21 (3): 751-768.

MIYOSHI Y, TANABE S, SUZUKI T, et al., 2016. Cellular zinc is required for intestinal epithelial barrier maintenance via the regulation of claudin-3 and occludin expression [J]. American Journal of Physiology-Gastrointestinal and Liver Physiology, 311 (1): G105-G116.

MYERS S A, 2015. Zinc transporters and zinc signaling: new insights into their role in type 2 diabetes [J]. International Journal of Endocrinology, 2015: 167503.

NAGALAKSHMI D, SRIDHAR K, SATYANARAYANA M, et al., 2017. Effect of replacing inorganic zinc with a lower level of organic zinc (zinc propionate) on performance, biochemical constituents, antioxidant, immune and mineral status in buffalo calves [J]. Indian Journal of Animal Research, 52 (9): 1292-1297.

NATIONAL RESEARCH COUNCIL (NRC), 2001. Nutrient Requirements of Dairy Cattle [M]. Seventh Revised Ed. Washington, D. C.: National Academy of Sciences.

NAYERI A, UPAH N C, SUCU E, et al., 2014. Effect of the ratio of zinc amino acid complex to zinc sulfate on the performance of Holstein cows [J]. Journal of Dairy Science Champaign Illinois, 97 (7): 4392-4404.

NIELSEN A E, BOHR A, PENKOWA M, 2006. The balance between life and death of cells: roles of metallothioneins [J]. Biomarker Insights, 1 (1): 99-111.

ONEILL B T, LAURITZEN H P M M, HIRSHMAN M F, et al., 2015. Differential role of insulin/IGF-1 receptorsignaling on muscle growth and glucose homeostasis [J]. Cell Reports, 11 (8): 1220-1235.

OTEIZA P I, MACKENZIE G G, 2005. Zinc, oxidant-triggered cell signaling, and human health [J]. Molecular Aspects of Medicine, 26 (4-5): 245-255.

PAL D T, GOWDA N K S, PRASAD C S, et al., 2010. Effect of copper-and zinc-methionine supplementation on bioavailability, mineral status and tissue concentrations of copper and zinc in ewes [J]. Journal of Trace Elements in Medicine and Biology: Organ of the Society for Minerals and Trace Elements (GMS), 24 (2): 89-94.

PARASHURAMULU S, NAGALAKSHM D, RAO D S, et al., 2015. Effect of zinc supplementation on antioxidant status and immune response in buffalo calves [J]. Animal Nutrition and Feed Technology, 15 (2): 179-188.

PATEL A, MAMTANI M, DIBLEY M J, et al., 2010. Therapeutic value of zinc supplementation in acute and persistent diarrhea: a systematic review [J]. PLOS ONE, 5 (4): e10386.

PEI X, XIAO Z, LIU L, et al., 2019. Effects of dietary zinc oxide nanoparticles supple-

mentation on growth performance, zinc status, intestinal morphology, microflora popula-
tion, and immune response in weaned pigs [J]. Journal of The Science of Food and
Agriculture, 99 (3): 1366-1374.

PEMPEK J A, WATKINS L R, BRUNER C E, et al., 2019. A multisite, randomized
field trial to evaluate the influence of lactoferrin on the morbidity and mortality of dairy
calves with diarrhea [J]. Journal of Dairy Science, 102 (10): 9259-9267.

PETERSON L W, ARTIS D, 2014. Intestinal epithelial cells: regulators of barrier func-
tion and immune homeostasis [J]. Nature Reviews Immunology, 14 (3): 141-153.

PETTIGREW J E, 2006. Reduced use of antibiotic growth promoters in diets fed to weaning
pigs: dietary tools, part 1 [J]. Animal Biotechnology, 17 (2): 207-215.

PIEPER R, VAHJEN W, NEUMANN K, et al., 2012. Dose-dependent effects of dietary
zinc oxide on bacterial communities and metabolic profiles in the ileum of weaned pigs
[J]. Journal of Animal Physiology and Animal Nutrition, 96 (5): 825-833.

PING L, ROBERT P, JULIANE R, et al., 2014. Effect of dietary zinc oxide on morpho-
logical characteristics, mucin composition and gene expression in the colon of weaned
piglets [J]. PlOS ONE, 9 (3): e91091.

POULSEN H D, 1995. Zinc oxide for weanling piglets [J]. Acta Agriculturae Scandinavi-
ca, Section A-Animal Science, 45 (3): 159-167.

POURLIOTIS K, KARATZIA M A, FLOROU P P, et al., 2012. Effects of dietary inclu-
sion of clinoptilolite in colostrum and milk of dairy calves on absorption of antibodies a-
gainst *Escherichia coli* and the incidence of diarrhea [J]. Animal Feed Science & Tech-
nology, 172 (3-4): 136-140.

PRASAD A S, 2014. Zinc: an antioxidant and anti-inflammatory agent: role of zinc in de-
generative disorders of aging [J]. Journal of Trace Elements in Medicine and Biology,
28 (4): 364-371.

PRASAD A S, BAO B, BECK F W J, et al., 2004. Antioxidant effect of zinc in humans
[J]. Free Radical Biology and Medicine, 37 (8): 1182-1190.

PRASAD A S, 2008. Clinical, immunological, anti-inflammatory and antioxidant roles of
zinc [J]. Experimental Gerontology, 43 (5): 370-377.

REAU A J L, MEIER K J P, SUEN G, 2016. Sequence-based analysis of the genus Ru-
minococcus resolves its phylogeny and reveals strong host association [J]. Microbial
Genomics, 2 (12): 1-13.

RESTA R, YAMASHITA Y, THOMPSON L F, 1998. Ecto-enzyme and signaling func-
tions of lymphocyte CD 73 [J]. Immunological Reviews, 161 (1): 95-109.

ROBERT C E, BRIAN J H, JOSE CC, et al., 2011. UCHIME improves sensitivity and
speed of chimera detection [J]. Bioinformatics, 27 (16): 2194-2200.

ROMEO A, 2015. The bioavailability of zinc in poultry: what does literature say [J]. International Poultry Production, 23: 11-13.

RUZ M, CAVAN K R, BETTEGER W J, et al., 1992. Erythrocytes, erythrocyte membranes, neutrophils and paltelets as biopsu materials for the assessment of zinc status in humans [J]. British Journal of Nutrition, 68 (2): 515-527.

SALEH A A, RAGAB M M, AHMED E A M, et al., 2018. Effect of dietary zinc-methionine supplementation on growth performance, nutrient utilization, antioxidative properties and immune response in broiler chickens under high ambient temperature [J]. Journal of Applied Animal Research, 46 (1): 820-827.

JAMES S, 2013. Effects of pharmacological concentrations of dietary zinc oxide on growth of post-weaning pigs: a meta-analysis [J]. Biological Trace Element Research, 152 (3): 343-349.

SALYER G B, GALYEAN M L, DEFOOR P J, et al., 2004. Effects of copper and zinc source on performance and humoral immune response of newly received, lightweight beef heifers [J]. Journal of Animal Science, 82 (8): 2467-2473.

SAMMAN S, SOTO C, COOKE L, et al., 1996. Is erythrocyte alkaline phosphatase activity a marker of zinc status in human [J]. Biological Trace Element Research, 51 (3): 285-291.

SARKIS K M, JUNE L R, DENNIS L K, 2008. A microbial symbiosis factor prevents intestinal inflammatory disease [J]. Nature: International Weekly Journal of Science, 453 (7195): 620-625.

SATYABRATA B, SHANKAR G T, BHABATOSH D, 2017. Complete genome sequence of *collinsella aerofaciens* isolated from the gut of a healthy Indian subject [J]. Genome Announcements, 5 (47): e01361.

SATYANARAYANA M, NARASIMHA J, NAGALAKSHMI D, et al., 2017. Effect of organic and inorganic zinc combinations on growth performance and nutrient digestibility in buffalo heifers [J]. International Journal of Livestock Research, 7 (3): 135-141.

SAZAWAL S, BLACK R E, BHAN M K, et al., 1995. Zinc supplementation in young children with acute diarrhea in india [J]. The New England Journal of Medicine, 333 (13): 839-844.

SCHELL T C, KORNEGAY E T, 1996. Zinc concentration in tissues and performance of weaning pigs fed pharmacological levels of zinc from ZnO, Zn-methionine, Zn-lysine, or $ZnSO_4$ [J]. Journal of Animal Science, 74 (7): 1584-1593.

SCHLEGEL P, SAUVANT D, JONDREVILLE C, 2013. Biovailability of zinc sourves and their interaction with phytates in broilers and piglets [J]. Animal, 7: 47-59.

SCHULTE J N, BROCKMANN G A, KREUZER R S, 2016. Feeding a high dosage of zinc oxide affects suppressor of cytokine gene expression in Salmonella Typhimurium infected piglets [J]. Veterinary Immunology and Immunopathology, 178: 10-13.

SCHWEIGEL R M, 2014. The families of zinc (SLC30 and SLC39) and copper (SLC31) transporters [J]. Current Topics in Membranes, 73: 321-355.

SHAEFFER G L, LLOYD K E, SPEARS J W, 2017. Bioavailability of zinc hydroxychloride relative to zinc sulfate in growing cattle fed a corn-cottonseed hull-based diet [J]. Animal Feed Science and Technology, 232: 1-5.

SHAO Y X, WOLF P G, GUO S S, et al., 2017. Zinc enhances intestinal epithelial barrier function through the PI3K/AKT/mTOR signaling pathway in Caco-2 cells [J]. The Journal of Nutritional Biochemistry, 43: 18-26.

SHEN J H, CHEN Y, WANG Z S, et al., 2014. Coated zinc oxide improves intestinal immunity function and regulates microbiota composition in weaned piglets [J]. British Journal of Nutrition, 111 (12): 2123-2134.

SHAO Y, LEI Z, YUAN J, et al., 2014. Effect of zinc on growth performance, gut morphometry, and cecal microbial community in broilers challenged with *salmonella entericaserovar typhimurium* [J]. Journal of Microbiology, 52 (12): 1002-1011.

SHIN N R, WHON T W, BAE J W, 2015. Proteobacteria: microbial signature of dysbiosis in gut microbiota [J]. Trends in Biotechnology, 6 (11): 496-503.

SLADE R D, KYRIAZAKIS I, CARROLL S M, et al., 2011. Effect of rearing environment and dietary zinc oxide on the response of group-housed weaned pigs to *Enterotoxigenic Escherichia coli* O149 challenge [J]. Animal, 5: 1170-1178.

SOEST P J V, ROBERTSON J B, LEWIS B A, 1991. Symposium: carbohydrate methodology, metabolism, and nutritional implications in dairy cattle [J]. Journal of Dairy Science, 74 (10): 3583-3597.

SONG Z H, KE Y L, XIAO K, et al., 2015. Diosmectite-zinc oxide composite improves intestinal barrier restoration and modulates TGF-β1, ERK1/2, and Akt in piglets after acetic acid challenge [J]. Journal of Animal Science, 93 (4): 1599-1607.

SPEARS J W, 1989. Zinc methionine for ruminants: relative bioavailability of zinc in lambs and effects of growth and performance of growing heifers [J]. Journal of Animal Science, 67 (3): 835-843.

SPEARS J W, HARVEY R W, BROWN T T, 1991. Effects of zinc methionine and zinc oxide on performance, blood characteristics, and antibody titer response to viral vaccination in stressed feeder calves [J]. Journal of the American Veterinary Medical Association, 199 (12): 1731-1733.

SREEKUMAR O, HOSONO A, 2000. Immediate effect of *Lactobacillus acidophilus* on the intestinal flora and fecal enzymes of rats and the *in vitro* inhibition of *Escherichia coli* in coculture [J]. Journal of Dairy Science, 83 (5): 931-939.

STALLARD L, REEVES P G, 1997. Zinc deficiency in adult rats reduces the relative a-bundance of testis-specific angiotensin-converting enzyme mRNA [J]. Journal of Nutrition, 127 (1): 25-29.

STARKE I C, ROBERT P, KONRAD N, et al., 2014. The impact of high dietary zinc oxide on the development of the intestinal microbiota in weaned piglets [J]. Fems Microbiology Ecology, 87 (2): 416-427.

SUGIURA T, GOTO K, ITO K, et al., 2006. Chronic zinc toxicity in an infant who received zinc therapy for atopic dermatitis [J]. Digest of the World Core Medical Journals, 94 (9): 1333-1335.

SUN P, LI J, BU D, et al., 2016. Effects of Bacillus subtilis natto and different components in culture on rumen fermentation and rumen functional bacteria *in vitro* [J]. Current Microbiology, 72 (5): 589-595.

SUN P, LI D F, LI Z J, et al., 2008. Effects of glycinin on IgE-mediated increase of mast cell numbers and histamine release in the small intestine [J]. The Journal of Nutritional Biochemistry, 19 (9): 627-633.

SUN Y B, XIA T, WU H, et al., 2019. Effects of nano zinc oxide as an alternative to pharmacological dose of zinc oxide on growth performance, diarrhea, immune responses, and intestinal microflora profile in weaned piglets [J]. Animal Feed Science and Technology, 258: 114312.

SUNDARAM M E, MEYDANI S N, VANDERMAUSE M, et al., 2014. Vitamin E, vitamin A, and zinc status are not related to serologic response to influenza vaccine in older adults: an observational prospective cohort study [J]. Nutrition Research, 34 (2): 149-154.

SUTTLE N F, 2009. Mineral nutrition of livestock [J]. Cabi Bookshop, 215 (6): 1-8.

SWINKELS J W, KORNEGAY E T, VERSTEGEN M W, 1994. Biology of zinc and biological value of dietary organic zinc complexes and chelates [J]. Nutrition Research Reviews, 7 (1): 129-149.

TACNET F, LAUTHIER F, RIPOCHE P, 1993. Mechanisms of zinc transport into pig small intestine brush-border membrane vesicles [J]. The Journal of Physiology, 465 (1): 57-72.

TALUKDER P, SATHO T, IRIE K, et al., 2011. Trace metal zinc stimulates secretion of antimicrobial peptide LL-37 from Caco-2 cells through ERK and p38 MAP kinase [J]. International Immunopharmacology, 11 (1): 141-144.

TEIXEIRA A G V, STEPHENS L, DIVERS T J, et al., 2015. Effect ofcrofelemer extract on severity and consistency of experimentally induced *Enterotoxigenic Escherichia coli* diarrhea in newborn Holstein calves [J]. Journal of Dairy Science, 98 (11): 8035-8043.

TOMASI T, VOLPATO A, PEREIRA W A B, et al., 2018. Metaphylactic effect of minerals on the immune response, biochemical variables and antioxidant status of newborn calves [J]. Journal of Animal Physiology and Animal Nutrition, 102 (4): 819-824.

TUCKER A L, FARZAN A, CASSAR G, et al., 2011. Effect of in-water iodine supplementation on weight gain, diarrhea and oral and dental health of nursery pigs [J]. Canadian Journal of Veterinary Research, 75 (4): 192-297.

TURNER J R, 2009. Intestinal mucosal barrier function in health and disease [J]. Nature Reviews Immunology, 9 (11): 799-809.

ULLUWISHEWA D, ANDERSON R C, MCNABB W C, et al., 2011. Regulation of tight junction permeability by intestinal bacteria and dietary components [J]. The Journal of Nutrition, 141 (5): 769-776.

VAN S P J, ROBERTSON J B, LEWIS B A, et al., 1991. Methods for dietary fiber, neutral detergent fiber, and nonstarch polysaccharides in relation to animal nutrition [J]. Journal of Dairy Science, 74 (10): 3583-3597.

VALLEE B L, FALCHUK K H, 1993. The biochemical basis of zinc physiology [J]. Physiological Reviews, 73 (1): 79-118.

VERóNICA G R, ALBERTO F G, CARMEN L W, et al., 2015. Acrodermatitis enteropathica: a novel SLC39A4 gene mutation in a patient with normal zinc levels [J]. Pediatric Dermatology, 32 (3): 124-125.

VIRTALA A M, MECHOR G D, GRÖHN Y T, et al., 1996. Morbidity from nonrespiratory diseases and mortality in dairy heifers during the first three months of life [J]. Journal of the American Veterinary Medical Association, 208 (12): 2043-2046.

WAGNER J J, ENGLE T E, WAGNER J J, et al., 2008. The effects of ZinMet brand liquid zinc methionine on feedlot performance and carcass merit in crossbred yearling steers [J]. The Professional Animal Scientist, 24 (5): 420-429.

WALK C L, WILCOCK P, MAGOWAN E, 2015. Evaluation of the effects of pharmacological zinc oxide and phosphorus source on weaned piglet growth performance, plasma minerals and mineral digestibility [J]. Animal, 9 (7): 1145-1152.

WALTER J, HERTEL C, TANNOCK G W, et al., 2001. Detection of lactobacillus, pediococcus, leuconostoc, and weissella species in human feces by using group-specific PCR primers and denaturing gradient gel electrophoresis [J]. Applied and Environmental Microbiology, 67 (6): 2578-2585.

WANG B, YANG C T, DIAO Q Y, et al., 2018. The influence of mulberry leaf flavonoids and Candida tropicalis on antioxidant function and gastrointestinal development of preweaning calves challenged with *Escherichia coli* O141 : K99 [J]. Journal of Dairy Science, 101 (7): 6098-6108.

WANG C, XIE P, LIU L L, et al., 2012. Use of lower level of capsulated zinc oxide as an alternative to pharmacological dose of zinc oxide for weaned piglets [J]. Asian Journal of Animal & Veterinary Advances, 7 (12): 1290-1300.

WANG J, ZENG Y X, WANG S X, et al., 2018. Swine-derived probiotic lactobacillus plantarum inhibits growth and adhesion of *Enterotoxigenic Escherichia coli* and mediates host defense [J]. Frontiers in Microbiology, 9: 1364.

WANG K K, CUI H W, SUN J Y, et al., 2012. Effects of zinc on growth performance and biochemical parameters of piglets [J]. Turkish Journal of Veterinary and Animal Sciences, 36 (5): 519-526.

WANG Q. GARRITY G M, TIEDJE J M, et al., 2007. Naive bayesian classifier for rapid assignment of rRNA sequences into the new bacterial taxonomy [J]. Applied and Environmental Microbiology, 73 (16): 5261-5267.

WANG X, OU D, YIN J, et al., 2009. Proteomic analysis reveals altered expression of proteins related to glutathione metabolism and apoptosis in the small intestine of zinc oxide-supplemented piglets [J]. Amino Acids, 37 (1): 209-218.

WANG X, VALENZANO M C, MERCADO J M, et al., 2013. Zinc supplementation modifies tight junctions and alters barrier function of Caco-2 human intestinal epithelial layers [J]. Digestive Diseases and Sciences, 58 (1): 77-87.

WANG Y, GAO Y, LIU Q, et al., 2016. Effect of vitamin A and Zn supplementation on indices of vitamin A status, haemoglobin level and defecation of children with persistent diarrhea [J]. Journal of Clinical Biochemistry and Nutrition, 59 (1): 58-64.

WEDEKIND K J, HORTIN A E, BAKER D H, 1992. Methodology for assessing zinc bioavailability: efficacy estimates for zinc-methionine, zinc sulfate, and zinc oxide [J]. Journal of Animal Science, 70 (1): 178-187.

WEI J Y, MA F T, HAO L Y, et al., 2019. Effect of differing amounts of zinc oxide supplementation on the antioxidant status and zinc metabolism in newborn dairy calves [J]. Livestock Science, 230: 103819.

WEN L, LEY R E, VOLCHKOV P Y, et al., 2008. Innate immunity and intestinal microbiota in the development of Type 1 diabetes [J]. Nature, 455: 1109-1113.

WESSELS I, MAYWALD M, RINK L, 2017. Zinc as a gatekeeper of immune function [J]. Nutrients, 9 (12): 1286.

WIELGUS S E, STRZELEC M, 1982. Zinc and lead interactions on alkaline phosphatase activity (E. C. 3. 1. 3. 1.) in rats [J]. Journal of Physiology and Pharmacology: An

Official Journal of the Polish Physiological Society, 33 (5–6): 425–439.

WOOF J M, KERR M A, 2006. The function of immunoglobulin A in immunity [J]. The Journal of Pathology, 208 (2): 270–282.

WRIGHT C L, SPEARS J W, 2004. Effect of zinc source and dietary level on zinc metabolism in Holstein calves [J]. Journal of Dairy Science, 87 (4): 1085–1091.

WU G Y, POND W G, OTT T, et al., 1998. Maternal dietary protein deficiency decreases amino acid concentrations in fetal plasma andallantoic fluid of pigs [J]. The Journal of Nutrition, 128 (5): 894–902.

YADRICK M K, KENNEY M A, WINTERFELDT E A, 1998. Iron, copper, and zinc status: response to supplementation with zinc or zinc and iron in adult females [J]. American Journal of Clinical Nutrition, 49 (1): 145–150.

YAMAGUCHI M, 1998. Role of zinc in bone formation and bone resorption [J]. The Journal of Trace Elements in Experimental Medicine, 11 (2–3): 119–135.

YIN J, LI X, LI D, et al., 2009. Dietary supplementation with zinc oxide stimulates ghrelin secretion from the stomach of young pigs [J]. The Journal of Nutritional Biochemistry, 20 (10): 783–790.

YU C, WANG Z, TAN S J, et al., 2016. Chronic kidney disease induced intestinal mucosal barrier damage associated with intestinal oxidative stress injury [J]. Gastroenterology Research and Practice, 2016: 1–6.

YU Y, LU L, LI S F, et al., 2017. Organic zinc absorption by the intestine of broilers in vivo [J]. British Journal of Nutrition, 117 (8): 1086–1094.

YU Z P, LE G W, SHI Y H, 2010. Effect of zinc sulphate and zinc methionine on growth, plasma growth hormone concentration, growth hormone receptor and insulin-like growth factor-i gene expression in mice [J]. Clinical and Experimental Pharmacology and Physiology, 32 (4): 273–278.

YUE M, FANG S L, ZHUO Z, et al., 2015. Zinc glycine chelate absorption characteristics in Sprague Dawley rat [J]. Journal of Animal Physiology & Animal Nutrition, 99 (3): 457–464.

ZHANG B K, GUO Y M, 2009. Supplemental zinc reduced intestinal permeability by enhancing occludin and zonula occludens protein-1 (ZO-1) expression in weaning piglets [J]. British Journal of Nutrition, 102 (5): 687–693.